EXAMPRESS®

危険物取扱者試験学習書

工学
教 科 書

炎の
乙種第4類

危険物取扱者
［テキスト&問題集］

佐藤毅史

SE
SHOEISHA

本書内容に関するお問い合わせについて

このたびは翔泳社の書籍をお買い上げいただき、誠にありがとうございます。弊社では、読者の皆様からのお問い合わせに適切に対応させていただくため、以下のガイドラインへのご協力をお願い致しております。下記項目をお読みいただき、手順に従ってお問い合わせください。

●ご質問される前に

弊社Webサイトの「正誤表」をご参照ください。これまでに判明した正誤や追加情報を掲載しています。

正誤表　https://www.shoeisha.co.jp/book/errata/

●ご質問方法

弊社Webサイトの「刊行物Q&A」をご利用ください。

刊行物Q&A　https://www.shoeisha.co.jp/book/qa/

インターネットをご利用でない場合は、FAXまたは郵便にて、下記"翔泳社 愛読者サービスセンター"までお問い合わせください。
電話でのご質問は、お受けしておりません。

●回答について

回答は、ご質問いただいた手段によってご返事申し上げます。ご質問の内容によっては、回答に数日ないしはそれ以上の期間を要する場合があります。

●ご質問に際してのご注意

本書の対象を越えるもの、記述個所を特定されないもの、また読者固有の環境に起因するご質問等にはお答えできませんので、予めご了承ください。

●郵便物送付先およびFAX番号

送付先住所　〒160-0006　東京都新宿区舟町5
FAX番号　　03-5362-3818
宛先　　　　（株）翔泳社 愛読者サービスセンター

勇気を出して踏み出す
はじめの一歩から、すべては変わる!

　弊社の危険物取扱者資格取得テキストをお手に取り、目を通していただきありがとうございます。このテキストを手に取ったあなたは、今まさに、「何かを変えたい!」とそう思われているから、このテキストを手に取られたのだと思います。

　「資格を取得して、キャリアアップしたい」

　「とりあえず受験資格のない危険物取扱者の資格を取ろう」

　「必要に駆られて何となしに書店に来た」

　いろいろな動機があって、数ある書籍の中から弊社の教材を選んでいただいてありがとうございます。申し遅れましたが、私は本テキストの著者の佐藤毅史といいます。できれば皆様のお顔を見てお話ししたかったのですが、書籍ということで紙面上にて皆様にお伝えしたいことがあります。著者である私は、危険物取扱者の資格を取得したことをきっかけに、人生が大きく変わりました。詳しい私の略歴については検索して頂ければ幸いですが、私は高卒(大学受験失敗)のうえ、ニートを8か月も経験しており、世間でいえば落ちこぼれの部類かもしれません。他社のテキストを見ると、立派な肩書の「○○博士」とか書かれたエリートっぽい感じの人が著者だったりします。しかし、そんな決して優秀とは言えない自分が、一生懸命努力して、周りの人の倍は時間がかかりましたが、このような形で皆様に教えることができる立場になっていることから、言えることがあります。

　「人はいつでも変わりたいと思い、地道な努力と継続した行動を繰り返せば、変わることができる!」

　本書の特長として、法律書特有の難しい言い回しや理解しづらい箇所は、その多くを削除して、講義調の飽きのこない内容に編集しています。私自身も危険物取扱者の資格を取得したときに、苦戦しました。

　「こうすればもっと分かりやすいのに」

　「計算問題の式が突然変化している、途中経過を省略するな!」

　そう思い、「皆さまと同じ目線に立ち、本書を手に取る人に合わせて分かりやすい指南書を作る」をモットーに、本書の執筆に携わりました。本書が、皆さんの資格取得の一助となり、さらにその先のさらなる明るい未来が拓ける指南書になることを信じています。

2020年12月

佐藤 毅史

CONTENTS | 目次

第 **1** 科目	基礎的な物理学及び 基礎的な化学 …………… 1

Information | 試験情報

◆危険物取扱者とは

　危険物取扱者とは、消防法の定める危険物を取り扱うために必要な資格です。乙種第4類危険物取扱者は、第1類〜第6類まである危険物の分類の中で、第4類危険物（ガソリン、灯油、軽油など）を取り扱うことができる資格です。

◆試験の内容

　試験は2時間で3科目（計35問）を解きます。出題形式は五肢択一です。各科目60%以上の成績で、合格となります。

試験科目	問題数	試験時間
①危険物に関する法令	15問	
②基礎的な物理学及び基礎的な化学	10問	2時間
③危険物の性質並びにその火災予防及び消火の方法	10問	

◆受験資格、受験地

　受験資格はなく、誰でも受験できます。試験は各都道府県（一般財団法人消防試験研究センターの各都道府県支部）で実施され、どこでも受験できます。

◆受験の手続き

　受験の申し込み方法には、願書を郵送する「書面申請」と、ホームページ上で申込む「電子申請」の2種類があります。願書は、消防試験研究センターの各支部等及び関係機関の窓口から入手できます。試験手数料は4,600円（非課税。2020年12月現在）です。

◆詳細情報

　受験内容に関する詳細、最新情報は、試験のホームページで必ず事前にご確認ください。各受験地の試験予定日の確認や、電子申請もこちらから行えます。

一般財団法人 消防試験研究センター：https://www.shoubo-shiken.or.jp/

Structure | 本書の使い方

　本書では、3科目ある試験科目の内容を、55テーマ（全8章）に分けて解説しています。各章末には演習問題があり、巻末には模擬問題があります。

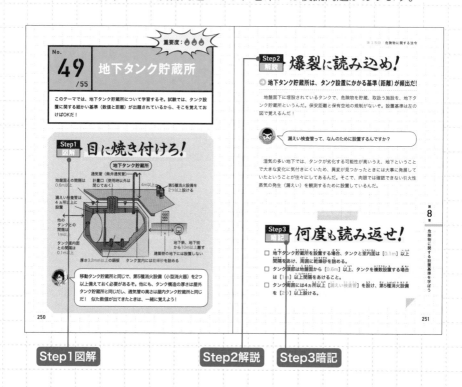

Step1図解　　　Step2解説　Step3暗記

◆テキスト部分

各テーマは、3ステップで学べるように構成しています。

Step1図解：重要ポイントのイメージをつかむことができます。

Step2解説：丁寧な解説で、イメージを理解につなげることができます。

Step3暗記：覚えるべき最重要ポイントを振り返ることができます。

◆演習問題

章内容の知識を定着させられるよう、章末には演習問題を用意しています。分からなかった問題は、各テーマの解説に戻るなどして、復習をしましょう。

◆模擬問題

力試しができるよう、模擬問題を2回分用意しています。模擬問題を解くことで、試験での出題のされ方や、時間配分などを把握することができます。

◆漫画

巻頭から巻末にかけて、乙4を受験することになった高校生を主役とした物語を掲載しています。やる気を出したいときに役立つかもしれません。

Special | 読者特典のご案内

　本書の読者特典として、3回分の模擬問題のPDFファイルをダウンロードすることができます。また、一問一答が1000問解けるWebアプリを利用することができます。本書の内容を繰り返しこなすだけでも、十分合格レベルに達するように設計しておりますが、合格までの距離を測ったり、外出先でも気軽に学習ができるように、追加の模擬問題や一問一答のWebアプリを用意しています。

◆模擬問題のダウンロード方法

1. 下記のURLにアクセスしてください。

https://www.shoeisha.co.jp/book/present/9784798167183

2. ダウンロードにあたっては、SHOEISHAiD への登録と、アクセスキーの入力が必要になります。お手数ですが、画面の指示に従って進めてください。アクセスキーは本書の各章の最初のページ下端に記載されています。画面で指定された章のアクセスキーを、半角英数字で、大文字、小文字を区別して入力してください。

免責事項

> ・PDF ファイルの内容は、著作権法により保護されています。個人で利用する以外には使うことができません。また、著者の許可なくネットワークなどへの配布はできません。
> ・データの使い方に対して、株式会社翔泳社、著者はお答えしかねます。また、データを運用した結果に対して、株式会社翔泳社、著者は一切の責任を負いません。

◆Webアプリについて

　一問一答が1000問解けるWebアプリをご利用いただけます。下記URLにアクセスしてください。

https://www.shoeisha.co.jp/book/exam/9784798167183

　ご利用にあたっては、SHOEISHAiD への登録と、アクセスキーの入力が必要になります。お手数ですが、画面の指示に従って進めてください。

第1科目

基礎的な
物理学及び
基礎的な化学

003

七転八倒

「何度でも立ち上がれ!」

第1章

基礎的な物理学を学ぼう

本章では、基礎的な物理学について学習するぞ。計算問題が頻出だが、ある程度パターン化されているので、そこを中心に見ていくぞ。公式そのものと公式中の記号の意味するところを理解すれば、あとは簡単な四則計算だけだから、暗記ではなく、理解を意識して学習に取り組むんだ！

アクセスキー **4** （数字のよん）

No. 01 /55 物質の状態と比重について知るべし

このテーマでは、状態変化による名称の違いを中心に、密度と比重の違いを理解しよう！ 比重は、液体と気体で比べる物質が変わるが、その点を理解することで、後のテーマが理解しやすくなるぞ！

Step1 図解 目に焼き付けろ！

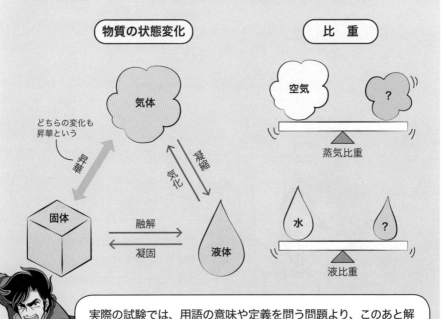

物質の状態変化

気体

どちらの変化も昇華という

昇華

気化　凝縮

固体

融解 / 凝固

液体

比重

空気　？

蒸気比重

水　？

液比重

実際の試験では、用語の意味や定義を問う問題より、このあと解説する密度と比重の違いについての出題が多くなっているんだ。その基礎をこのテーマでしっかり身に付けよう！ 日常生活で見られる現象と関連づけると理解しやすくなるぞ！

Step2 解説 → 爆裂に読み込め！

→ すべての物質は3つのどれかの状態で存在する！

　水を例とすると、固体は氷、液体は、気体は蒸気（湯気）といった具合だ。この個体、液体、気体を物質の三態という。では、氷が水になるなどの状態変化を起こす要因は何か？　それは、分子間に働く力（分子間力という）の強弱の違いなんだ！

> つまり、分子間の結合の強弱が物質の状態変化を決めているんだ！　固体は分子間の結合が強いが、熱を加えると、液体、気体と、徐々に結合が弱くなっていくんだ。

水分子

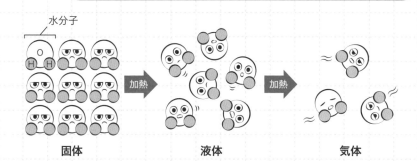

固体　　　　　　　　　液体　　　　　　　　気体

図1-1：状態変化と分子の結合

この気体、液体、固体のそれぞれの状態に変化することを、次のようにいうぞ。

表1-1：状態変化

融解	固体→液体の状態変化
凝固	液体→固体の状態変化
蒸発（気化）	液体→気体の状態変化
凝縮（液化）	気体→液体の状態変化
昇華	固体⇔気体と、液体を介さない状態変化

「明日やろう！」は、バカ野郎だ！

➡️ 詰まり具合を表す「密度」と、その比較の「比重」

◆密度

密度とは、物質の単位体積当たりの質量のことだ。定義を文言通り読むと分かりづらいから、公式を見てみよう。

公式 密度(g/cm³)＝質量(g)÷体積(cm³)

公式中に出てくる単位の「/」は、割り算の分母と分子を分ける線だ。つまり、密度は、分子に物質の質量、分母に体積を入れた値というわけだ。

簡単に言えば、重さと大きさの関係だな。同じ大きさに切り分けたチーズに例えると、内部に気泡が多い方は、軽いであろうことが直感的にわかるよな。それが密度が低いということだ。

◆比重

比重とは、「対象となる物質の密度」と「標準となる物質の密度」の比のことだ。比べる指標（割合みたいなもの）なので、密度と違い単位はないぞ！　重要なのは、状態によって標準となる物質が異なることだ！　比較対象が水のときを液比重、空気と比較したときは蒸気比重というんだ。特に蒸気比重の場合、その大小は、分子量の大小で決まるんだ。

「液体の場合には4℃の水を基準（比重1）」とし、「気体の場合には空気を基準（比重1）」とするんだ！　水の温度が4℃とされているのは、水はこのときに密度最大となるからだ。

表1-2：主な物質の比重

物質（液体）	液比重	物質（気体）	蒸気比重
水	1.00	空気	1.00
ガソリン	0.65〜0.75	一酸化炭素	0.97
エタノール	0.8	エタノール	1.6
二硫化炭素	1.3	ガソリン	3〜4

水と氷　　ドレッシング

比重の小さな方が浮かぶ

油
醤油など

図1-2：比重

それぞれ個別の物質の密度や比重の数字を覚える必要はないんだ。重要なのは3つ。
・水は4℃の時に密度最大（質量最大）となり氷は水に浮かぶ
・乙4類危険物の蒸気比重は、「すべて」1以上
・乙4類危険物の液比重が1以上の物質は、限られている
これを覚えておくと、このあとの学習が相当楽になるはずだ！！

Step3 暗記 → 何度も読み返せ！

- [ ] 固体から液体に変化することを［融解］という。その逆は［凝固］という。
- [ ] 液体から気体に変化することを［蒸発（気化）］という。その逆は［凝縮（液化）］という。
- [ ] 固体から気体に変化することを［昇華］という。その逆も［昇華］という。
- [ ] 物質の状態変化を決める要因は、［分子間に働く力（分子間力）］の強弱による。
- [ ] 標準の水の比重は1で、［4℃］のときに密度が一番大きい。よって、氷を水中に入れると［水面上に浮かぶ］。
- [ ] 標準の空気の蒸気比重は1で、乙4類の蒸気比重は［すべて1以上］で空気より［重い］。

No. 02 /55 気体ってどんなやつ?

このテーマでは、気体の性質について学ぶ。凝固点降下と沸点上昇が発生する原理は、図でイメージできるようにしよう！　計算問題（法則）を解くための基礎となる分野で、温度はセ氏温度と絶対温度の換算に要注意だ！

Step1 図解 目に焼き付けろ！

気圧と沸騰

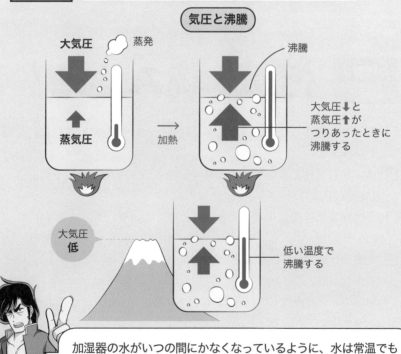

加湿器の水がいつの間にかなくなっているように、水は常温でも自然に蒸発している。これに熱を加えて、大気圧と蒸気圧が等しくなったときに沸騰が発生するんだ。「沸騰≠蒸発」なんだ、間違えるなよ！！

Step2 解説　爆裂に読み込め！

→ 蒸発と沸騰の違いから気体を理解する！

　液体を加熱すると、液体内部で発生する蒸気圧（「気化しようとする圧力」と理解するんだ！）が大気圧と等しくなったときに、沸騰が発生するぞ。このときの温度が沸点だ。一般に、水は地上（1気圧）では100℃（沸点）で沸騰するぞ！

> 富士山の山頂（低大気圧下）では、水は約87℃で沸騰するんだ！ということは、圧力を変えれば水の沸点は100℃以上にも以下にもなるってことだ！　これを応用したものが身近にあるぞ！

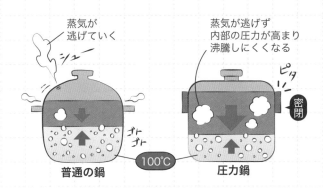

蒸気が逃げていく

シュー

蒸気が逃げず内部の圧力が高まり沸騰しにくくなる

ピタ

密閉

普通の鍋　　100℃　　圧力鍋

図2-1：気圧と沸点の変化

> 加圧することで水を本来の沸点（100℃）以上にしたものが、圧力鍋だ。これによって、より大きなエネルギーを加えることが可能となり、短時間で効率よく調理することを可能にしたんだ！

→ 沸点上昇と凝固点降を理解する!!

　砂糖や塩（溶質という）が液体に溶けることを溶解というんだ。そして、均

一濃度になった状態の液体を特に溶液、100gの水（溶媒という）に溶かすことができる溶質の最大量を溶解度というんだ。

実際の試験では、用語の意味や定義が問われることはないぞ！
濃度の計算問題が出題される可能性が高いんだ（後述するぞ）。
ここでは、純粋な水と溶液で沸点と凝固点の違いが発生する理由に着目してほしい！

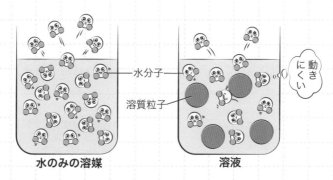

水のみの溶媒　　　　　　　　溶液

図2-2：水分子の移動の自由度

　図を見ると、左の水のみの溶媒内は水分子のみが存在している。ここに熱を加えることで、水分子が自由に移動できるようになる。一方、溶液になると溶質粒子がその移動を邪魔するため、沸騰しにくく固まりにくくなるんだ。

溶質（不純物的なもの）の存在が、凝固点降下と沸点上昇を発生させているんだ！！

⊙ 温度表記と換算

◆温度とは

　「温かい・冷たい」を数値で表したものが温度で、温度表記は、セ氏（摂氏）温度と絶対温度、そして力氏（華氏）温度があるんだ。なお、危険物試験ではセ氏

温度と絶対温度のみ出題されるから、力氏温度について覚える必要はないぞ！

◆「絶対温度⇔セ氏温度」の換算

　セ氏温度は、普段我々がよく使う、1気圧のときの水の凝固点を0℃、沸点を100℃とする基準のことだ。一方、絶対温度は、この後の計算問題でも使われる絶対零度（セ氏−273℃）を0K（ケルビン）と表す温度のことだ。

つまり、セ氏温度0℃が273Kなので、絶対温度＝セ氏温度＋273で表すことができるんだ！

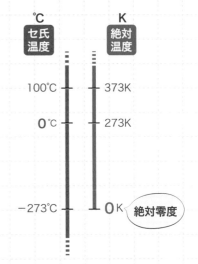

図2-3：セ氏温度と
絶対温度の換算

Step3 暗記 何度も読み返せ！

☐ 水を1気圧下で加熱したら、[100] ℃で沸騰し始めた。このときの温度が［沸点］である。

☐ 沸点は、気圧が低い山頂では［低い］温度、気圧が高い状況下では［高い］温度となる。

☐ 圧力をかけて沸点上昇をさせた身近な例として［圧力鍋］がある。

☐ 砂糖水において、砂糖は［溶質］、水は［溶媒］、砂糖水は［溶液］である。

☐ 純粋な溶媒に塩を溶かすと、沸点は［上昇］し、凝固点は［降下］する。

☐ 気体の計算問題で使用する温度は絶対温度で、セ氏温度＋［273］で表され、単位"K"は［ケルビン］と読む。

重要度：🔥🔥🔥

気体には こんな法則がある!

このテーマでは、毎回出題されている気体の計算問題について学ぶぞ。大切なことは、公式の関係性（①何と何についての公式か？ ②何を求める公式か？）を理解して、過去問を繰り返し解くことだ！！

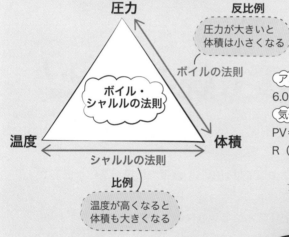

ボイル・シャルルの法則

圧力

反比例
圧力が大きいと体積は小さくなる

ボイルの法則

ボイル・シャルルの法則

温度 ——— 体積

シャルルの法則

比例
温度が高くなると体積も大きくなる

アボガドロの法則
6.02×10^{23}個＝22.4ℓ ＝ $1mol$

気体の状態方程式
$PV = nRT$
R （8.314：気体定数）

圧力・体積・温度それぞれの関係性は、このあとの解説の図でイメージをつかむんだ！ それを踏まえて図の公式を見ると理解しやすいぞ！

Step2 解説 爆裂に読み込め！

➡ 圧力、温度、体積の恋の三角関係

気体が圧力・体積・温度によってどう変化するか、その法則を学ぶぞ！

◆悲しい片思いの気持ち！ ボイルの法則

「積極的にプッシュしたら、相手の気持ちがトーンダウンした」という反比例体験はないか？ これは気体においても同じ。圧力と体積は反比例の関係にあるんだ。詳しく解説しよう。

一定の温度下において、一定質量の気体の体積は圧力に反比例（どちらかが大きくなれば、もう一方が小さくなる！）するんだ。これがボイルの法則だぞ！！

$$\boxed{公式}\ PV = k\ （一定）$$

P：圧力　V：体積　k：一定の値であることを表す記号

次図のようなピストンをイメージしてほしい。左のピストンのように、体積1、圧力1の状態があるとする。ここに、2倍の圧力をかけたら、その分だけピストン内の空間（体積）が減少していることが分かるはずだ。

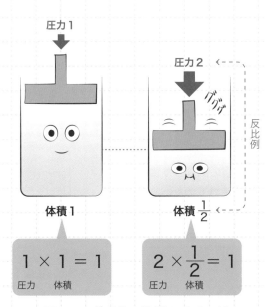

$$1 \times 1 = 1$$
圧力　体積

$$2 \times \frac{1}{2} = 1$$
圧力　体積

図3-1：ボイルの法則のイメージ

いつやるの？ いまだろ!?

> 圧力が倍になれば、体積は半分になるんだ！ 逆もまた然り。体積が倍になれば、圧力が半分になるぞ！ 公式「PV＝k」というのは、このことをいっているんだ！

◆燃え上がる両思いの恋心！ シャルルの法則

　カップルが愛を育めば、二人の思いはさらにふくらんでいくことを知っているか？ これは気体においても同じ！ 温度と体積の関係は、比例関係にある。一定質量の気体の体積は、一定の圧力下において、1℃の温度上昇につき、0℃のときの体積の1/273だけ増加する（温かくなるほど、体積が大きくなる！）んだ。これがシャルルの法則だ！！

$$\boxed{公式}\ \frac{V}{T}=k（一定）\qquad（T=273+t）$$

　V：体積　　　T：絶対温度　　　（t：セ氏温度）

　次図を見てほしい。左は温度も何も変化を加えていない状態だ。右は、ここに下から熱を加えていて、これによってピストン内の分子が運動エネルギーを得て、ピストンを押し上げている（体積増加）様子が分かるはずだ！

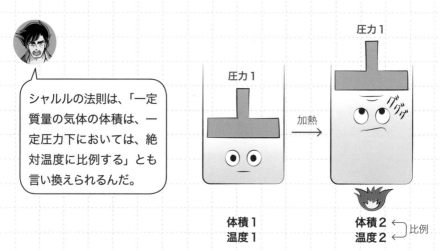

> シャルルの法則は、「一定質量の気体の体積は、一定圧力下においては、絶対温度に比例する」とも言い換えられるんだ。

図3-2：シャルルの法則のイメージ

◆ 男女の恋を表したボイル・シャルルの法則

ここまで、圧力、温度、体積の関係を恋愛に例えてみてきたが、最終法則は、これらの全部入り！　ボイルの法則とシャルルの法則を合体させたのがボイル・シャルルの法則だ。一定質量の気体の体積は、圧力に反比例し、絶対温度に比例するぞ。

$$\boxed{公式} \quad \frac{PV}{T} = k（一定） \qquad （T＝273＋t）$$

P：圧力　　　V：体積　　　T：絶対温度　　　（t：セ氏温度）

> 公式が3つもあって、使い分けが難しそうです！

ボイル・シャルルの法則は3つの要素だが、「温度一定」とあったらボイルの法則（圧力・体積）、「圧力一定」とあったらシャルルの法則（体積・温度）と考えればいいんだ！

◆ 恋の三角関係で扱う気体、その名も理想気体

ボイル・シャルルの法則が成立するときの気体を理想気体というんだ。なんだかロマンチックな気体だよな。"理想"というくらいだから、その要件（以下2つ）は現実にはなかなかありえないものといえるぞ。

・分子の大きさが無視できる（存在してねーことになるじゃん！）

・分子間力が十分に小さい（無理じゃね？）

一方、我々が生活しているこの世界で存在する気体は実在気体というぞ。実在気体でも、十分に希薄な場合は分子間力と分子の大きさを無視できるので、理想気体とみなして、ボイル・シャルルの法則を適用することになっているんだ！

理想だけじゃダメなんだ。目の前の勉強も恋も大切にしよう。

> 問題文では「十分に希薄な気体」と表現されるから、この言葉を見たら「＝理想気体」と考えて解くんだ！

➔ 気体に含まれる分子の量

◆アボカドじゃないぞ。アボガドロの法則

　すべての気体は、その種類に関係なく、同温同圧のもとで同体積中に同数の分子を含んでいる。これがアボガドロの法則だ。同一粒子を$6.02×10^{23}$個まとめた量を1mol（モル）と書き、この粒子数をアボガドロ定数というんだ。1molの気体の重さは、分子量に「g」を付けた値に等しく、その体積は標準状態（0℃、1気圧）で22.4ℓとなるんだ。

物質量[mol]		粒子数		質量[g]		体積[ℓ]
1mol	=	$6.02×10^{23}$	=	分子量g	=	22.4ℓ

◆気体の状態方程式

　これまでの法則のすべてを合体したのが、気体の状態方程式だ。R（気体定数）が問題文中に記載されていたら使用するぞ！

$$\boxed{公式}\ PV=nRT=\frac{W}{M}RT$$

n：物質量[mol]　　　W：質量[g]　　　M：分子量　　　R：気体定数[8.314]

Step3 暗記 何度も読み返せ！

- □ ボイルの法則：一定温度の気体の体積は圧力に ［反比例］ する。
- □ ボイル・シャルルの法則が成立するときの気体を ［理想気体］ という。実在する気体でも、［分子間力］ が限りなく小さく、［分子の大きさ］ を無視できる場合は、ボイル・シャルルの法則が適用できる。
- □ アボガドロの法則では、1mol当たりの粒子数は ［$6.02×10^{23}$］ 個、そのときの質量は ［分子量］ g、体積は標準状態 ［0℃、1気圧］ で ［22.4］ ℓとなる。

No. 04 /55 熱にはこんな法則がある!

このテーマでは、熱エネルギーの計算とその移動法について学習するぞ! 計算問題は、ダイエットでよく聞かれるcal（カロリー）が出てくるぞ! 熱の移動は、固体・液体・気体の状態によって「伝わりやすさ」がどう変化するか注目してみよう!!

Step1 図解 目に焼き付けろ!

熱の移動法

伝導　対流　放射（輻射）

物質の状態と熱伝導率の高低

固体 ＞ 液体 ＞ 気体

熱伝導率　高──────低

伝導、対流は固体または液体を介して熱が移動するが、放射は介在物が必要ないんだ（真空でも伝わる!）。

状態変化と潜熱・顕熱

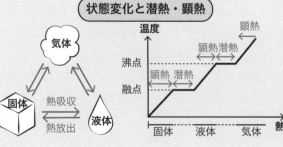

気体

固体　液体

熱吸収
熱放出

温度

顕熱
顕熱潜熱
沸点
顕熱 潜熱
融点

固体　液体　気体　熱量

爆裂に読み込め!

→ カタチあるものほど熱（想い）が伝わる?

　物理学の基本現象として、水・重力・電気などは、エネルギー的に高いところから低いところに向かって流れていく。熱についても同様に、高いところから低いところ（高温→低温）へと流れていく。

　このとき伝わる熱エネルギーを熱量といい、その単位には、カロリー［cal］とジュール［J］が用いられている。カロリーとジュールには、次のような関係がある。

$$1cal ≒ 4.19J$$

この換算は、暗記してくれ!

◆**熱の移動法**
　熱の伝わり方（移動法）には、伝導、対流、放射の3つがある。

（1）伝導
　物質内を直接、高温部から低温部に熱が移動する現象を伝導というんだ。例として、取っ手も金属でできたフライパンを火にかけると取っ手も熱くなる現象がそれだぞ!
（2）対流
　温度差によって流体（液体または気体）が上昇・下降して熱移動するのが対流だ!　お風呂の中の水が温められて、上下に移動する現象がそれだ!
（3）放射（輻射_{ふくしゃ}）
　熱線として、熱が空間を伝わり移動する現象を放射というんだ。例として、石油ストーブによって発生した熱が空間を伝わって部屋を暖める現象がそれだぞ!　手をかざすと温かいっていう、あれだ!

◆熱伝導率と比熱

愛している気持ちを伝えるときには、離れた場所から伝えるよりも、プールの中で伝えるよりも、密着して伝えた方が伝わりやすいよな。

これと似て、一般に、「固体＞液体＞気体」のカタチあるモノの順に熱が伝わりやすく、熱伝導率が高いほど、その物質は燃焼しにくいといえるんだ！　この熱の伝わりやすさを熱伝導率というぞ。

> ここでつまずく受験生が結構いるぞ！　次のように理解するんだ！！

- 熱伝導率が高い ＝ 熱が伝わりやすく、すぐにその熱が他に移る
  - ＝ 物質内に残らない
  - ⇒ 燃焼しにくい
- 熱伝導率が低い ＝ 熱が伝わりにくく、その熱が他に移らない
  - ＝ 物質内に残り滞熱する
  - ⇒ 燃焼しやすい

鉄と木材など、モノによって温まりやすさ（冷えやすさ）は違うよな。物質1gの温度を1K（1℃）上昇させるのに必要な熱量を、その物質の比熱というぞ。比熱が大きい物質ほど、大きなエネルギーが必要となるので、「温まりにくく、冷めにくい」といえるんだ。比熱が大きい代表的な物質は水だぞ。

➲ 熱にまつわる2つの計算法則

◆熱量（温度上昇）は3つの掛け算だ！

それぞれの物質の温度の上がり方は、次の3つ要素で決まるんだ。

・(物質の)種類　　・(物質の)質量　　・加える熱量

このとき、物質が吸収する熱量をQ［J］、比熱をS、物質の質量をm［g］、温度差を⊿T［K］とすると、以下の公式が成立するんだ。

$$Q = S \times m \times \Delta T$$

Q：熱量　　　S：比熱　　　m：質量　　　⊿T：温度差（デルタ）

この公式は必ず覚えておけ！　比熱の値は、問題文中で示されることが多いが、水の比熱「4.186」は覚えると得だ。

簡単にいえば、その物質を温めるのに必要なエネルギー（熱量）は、温まりやすさ（比熱）と、質量と、何度温めるか（温度差）によって決まる、ということだ。

◆体膨張率の計算

そこまで頻出ではないが、前テーマで学習したシャルルの法則により、温度上昇にともなって体積は増加する（熱膨張）。この熱膨張は、次の数式で計算できる。

熱膨張後の体積 ＝ 膨張前の体積 ＋（膨張前の体積×体膨張率×温度差）

体膨張率は物質によって異なるので、ここでは、公式の意味するところを理解してほしいぞ！！

◆潜熱と顕熱の定義とその関係性とは？

物質の状態変化に用いられる熱を、潜熱（せんねつ）というぞ。さらなる液化や気化等の状態変化のために費やされる熱のため、温度計で計測することができない（熱を加え続けているのに温度が変わらない！）んだ。

　これに対して、温度上昇に用いられる熱を顕熱というんだ。温度計で計測できる顕著な熱というわけだが、0℃の氷から水が溶けて沸騰し始める直前までの温度ともいえるぞ。図をもとに、潜熱と顕熱の違いを理解しよう！

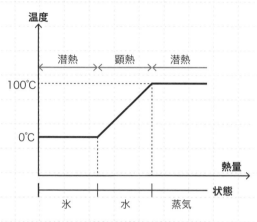

図4-1：潜熱と顕熱（水の場合）

Step3 暗記 → 何度も読み返せ！

- ☐ 熱伝導率は、一般に、固体と気体では、[固体] の方が大きい。
- ☐ 熱伝導率の大きい物質と小さい物質で、燃えやすいのは、[小さい物質] である。
- ☐ 真空中でも熱が伝わるのは、[放射] である。
- ☐ 物質1gの温度を1℃上昇させるのに必要な熱量を、その物質の [比熱] という。
- ☐ 物質の温度の上がり方は、物質の種類、物質の [質量] 及び加える [熱量] の3要素で決まる。
- ☐ 温度上昇に用いられる熱を [顕熱]、状態変化に用いられる熱を [潜熱] という。

電気と湿度にまつわる法則

このテーマでは、静電気対策の方法と湿度について学習するぞ！　これを学べば、冬場の衣服の脱ぎ着で痛い思いをしないで済むカモ?!　静電気の伝わり方は、熱伝導と同じ！　オームの法則の計算は「エリちゃん」で覚えるんだ!!

Step1 図解 目に焼き付けろ！

静電気対策

静電気は
発生させない！
ためさせない！

↓

「熱伝導と燃焼のしやすさ」の関係と
「導伝性と帯電のしやすさ」は似ている！
導伝性が悪い方が、
帯電しやすい！

乙4類危険物（引火性液体）は静電気火花による火災が発生しやすいので、その対策は試験で頻出だ！　計算問題は、湿度よりもオームの法則が頻出だ!!

湿度の種類

湿度 ┬ 相対湿度
　　　└ 絶対湿度

オームの法則

エリちゃんの図

第1章 基礎的な物理学を学ぼう

Step2 解説 爆裂に読み込め！

➡ セーターでパチッと痛い想いをしないためには

　静電気は、主に電気を通さない絶縁体の摩擦（セーターの脱ぎ着等）によって発生するんだ（電気を通す物質にも発生して帯電することはある）。だから一般的に、電気を通しにくい（導電性が低い）物質の方が、通しやすい（導電性が高い）物質よりも、静電気が蓄積されやすいぞ。静電気が発生すると火花放電を起こし、これが原因で着火することもあるので、とても危険だ。

　乙4類危険物（引火性液体）は電気を通しにくい性質（不良導体）のため、静電気が発生しやすい。だから、取扱には注意が必要なんだ！

 ここの所がつまずきやすいぞ！　次のように理解するんだ！！

・導電性が高い（電気の良導体）
　＝電気をよく通すため、すぐにその電気が他に伝わる
　⇒物質内に残らない（帯電しない）
・導電性が低い（電気の不良導体）
　＝電気を通しにくいため、その電気が他に伝わらない
　⇒物質内に残ってしまう（帯電する）

◆静電気対策

　冬場のセーターで痛い思いをしたくなかったら、これから解説する静電気対策を参考にしてみてくれ。試験によく出るぞ！

①静電気をできるだけ発生させない！
　⇒危険なものを発生させないのが一番。予防っていうやつだ。
　（例）摩擦現象の抑制。綿素材の服を着用する、ガソリンの給油はゆっくり行う（流速を下げ、ホース内部でのホースとガソリンの摩擦を減らす）など

そろそろ本気になろうぜ

②発生した静電気を危険な蓄積状態にしない！

⇒発生するのは自然現象だからやむなし。ただ、危険な状態にはしないことが重要！

（例）室内湿度を高くする（75％以上。湿度が高いと静電気が発生しにくく、蓄積しにくい）、接地（アース）する、帯電防止服・導電靴を着用するなど

図5-1：静電気対策

● 相対湿度の計算と絶対湿度

テレビの天気予報で、「今日は湿気が多めでムシムシする」といわれることがあるが、空気中に含まれる水蒸気の量による乾燥の度合いを湿度というんだ。湿度は、絶対湿度と相対湿度があって、このうち、1気圧のもとで1m³の空気中に含まれる水蒸気量をグラム単位で表したのが絶対湿度で、その最大量を飽和水蒸気量というんだ。

試験に出るのは、実際の水分量ではなく割合の方だ。1m³の空気中に実際に含まれている水蒸気量（質量）と、その温度における飽和水蒸気量との比を％で表したものを相対湿度というぞ。相対湿度は下記の公式で求められるぞ！

$$相対湿度 = \frac{現在の空気中に含まれる水蒸気量(g/m^3)}{その温度における飽和水蒸気量(g/m^3)} \times 100$$

➡ 電気の計算はエリちゃんで覚えろ！

電気の世界では、「電圧・電気抵抗・電流」の関係性を表したオームの法則が頻出だ。それぞれを表す記号は（）内に記載がある、E、R、Iだ。

- 電圧（E）：電気的な高低差を表す圧力。単位はV（ボルト）
- 電気抵抗（R）：電気製品に電圧をかけて電流を流すと、家電製品が熱くなるが、そのときに発生している電気的な不可抗力（抵抗力）のこと。単位はΩ（オーム）
- 電流（I）：ある単位の時間に流れる電気量。単位はA（アンペア）

◆オームの法則

「電圧・電気抵抗・電流」の関係は、次のように表せる。

電圧は、電流と抵抗の積（かけ算）

抵抗は、電圧と電流の商（割り算）

電流は、電圧と抵抗の商（割り算）

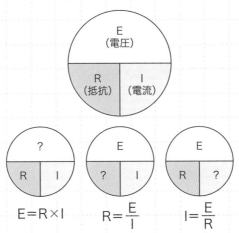

図5-2：オームの法則（エリちゃんの法則）

オームの法則は「ERI（エリ）ちゃんの法則」と覚えるんだ！！

◆ジュール熱

　抵抗のところで触れているが、電気製品に電圧をかけて電流を流すと、家電製品が熱くなる。このとき発生する熱量をジュール熱というんだ。電気の導体に電圧（E）をかけて、t秒間電流（I）を流したときに発生するジュール熱（Q）は、「Q = EIt」で表されるんだ。

$$Q = EIt$$

Q：ジュール熱　　　E：電圧　　　I：電流　　　t：時間(秒)

電圧と電流の積に単位時間（秒）をかけたものがジュール熱だ！

Step3 暗記 何度も読み返せ！

□ 静電気は、導電性の［低い］物質に帯電しやすい。
□ 静電気対策の肝は、静電気そのものを発生させないことだが、発生した静電気については、［湿度］を高くしたり、［接地］（アース）するなどして、危険な状態にしないことが重要である。
□ 電圧は、［抵抗］と［電流］の積で求めることができ、これが［オーム］の法則である。
□ ジュール熱を求めるには、電圧と電流と［単位時間］（秒）をかけ合わせる。

No. 06 /55 物質ってなんだ？

このテーマでは、物質の構成と物理変化・化学変化について学ぶぞ！ 物質の構成は、目に見えない世界だが、図を中心にイメージをつかむことを意識しよう！ 物理変化と化学変化、物質の構成が変わっているのは、どっちかな？

Step1 図解 目に焼き付けろ！

物質の分類

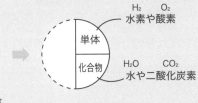

物質
- 混合物
- 純物質

ガソリンや空気

単体 …… H_2 O_2 水素や酸素

化合物 …… H_2O CO_2 水や二酸化炭素

物質の構造（成り立ち）

陽子
中性子 ─ 原子核
電子 ─┐
　　　原子 ─ 原子 ─ 分子 ─┬ 同位体
　　　　　　　　　　　　　└ 同素体

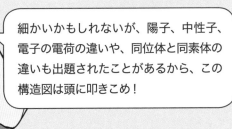

細かいかもしれないが、陽子、中性子、電子の電荷の違いや、同位体と同素体の違いも出題されたことがあるから、この構造図は頭に叩きこめ！

Step2 解説 爆裂に読み込め！

→ 物理変化と化学変化

　熱血漢の俺がスーツを着て紳士的にみせても、俺の合格させたい熱い想いは変わらない。これと同じで、物質そのものの性質は変化しないで、形や体積などの状態のみ変化するのが物理変化だ。とはいえ、髪を刈上げて、袈裟を着たら、俺は心もお坊さんになってしまうかもしれないな。こんな具合に、複数の組み合わせで、元の物質とは異なる性質に変化するのが化学変化だぞ。主な物理変化と化学変化の例を、見ておこう。

表6-1：物理変化と化学変化の例

物理変化の例	化学変化の例
・氷が解けて水になる ・鉛を加熱すると溶ける ・ドライアイスが解けて蒸気が発生する ・水に砂糖を溶かして砂糖水ができる	・鉄が錆びる ・木炭が燃えて二酸化炭素になる ・水が分解して酸素と水素になる ・ガソリンが燃えて二酸化炭素と蒸気が発生する

　物理変化は物質が固体から液体または気体に変化している様から、状態変化だと分かるな！　一方、化学変化は、2種類以上の物質同士が反応して性状の全く異なる物質ができていることが分かるはずだ！

　物理変化は状態変化だと学習したが、今度は化学変化について見ていくぞ。化学変化には、次の表のようなものがあるぞ。これを見ると、化合と分解は真逆の反応であることが分かるはずだ！！

表6-2：化学変化の種類

化学変化	化合	分解
イメージ	A＋B → AB	AB → A＋B
反応	複数の物質が化学変化して、異なる性質の物質ができる	1つの物質から複数の新しい物質ができる
例	水素と酸素 → 水	水 → 水素と酸素

化学変化	置換	複分解
イメージ	AB＋C → AC＋B	AB＋CD → AD＋BC
反応	化合物の一部が置き換わり、新しい物質ができる	複数の化合物の一部が置き換わり、複数の新しい物質ができる
例	亜硫酸と硫酸 → 水素が発生	食塩と硫酸 → 塩化水素と硫酸ナトリウム

そもそも、物質ってなんだ？

物質としての特性を持っている最小単位を分子といい、分子を構成している基本粒子を原子というんだ。例えば、酸素原子はOで表されるが、空気中に存在している酸素はO_2として存在しているぞ。

◆原子の構造

原子は、正（＋）の電荷を持つ陽子と電荷を持たない中性子からなる原子核を中心として、負（－）の電荷を持つ電子が周りを回っている、という構造だ。

通常、原子核中の陽子数と周囲に存在する電子の数は等しくなっており、全体としての電荷はゼロになっているんだ。しかし、何らかの要因でこのバランスが崩れることがあって、それがイオンなんだ！

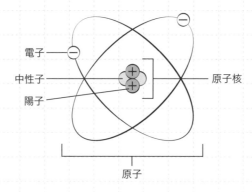

図6-1：原子の構造

◆原子量と分子量

　C（炭素）の質量を12として、これを基準としたときの原子の相対的な質量を原子量というんだ。この原子量をもとに計算した、分子の中に含まれる原子量の総和が分子量だ。次表は、試験に出やすい代表的な元素の元素記号と原子量だ。

表6-3：元素記号と原子量

元素	水素	炭素	窒素	酸素	硫黄
元素記号	H	C	N	O	S
原子量	1	12	14	16	32

　試験では、問題文中に原子量が記載されていることもあるが、上の表で示した原子量は覚えておくといいぞ！！

なお、分子量については、原子量を合算すれば求められるぞ。
・水(H_2O)の場合：$(1×2)＋16＝18$

　水分子は、H原子（原子量1）が2つと、O原子（原子量16）が1つからできているから、それぞれの原子量を足すということか。

➡ 物質は大きく3つに分けられる

　物質は、色々なものが混ざった混合物（例：空気。空気は窒素や酸素、二酸化炭素等でできている）と、それ以外の純物質に分かれるぞ。そして、純物質は、さらに単体と化合物に分けられる。1種類の元素からなる物質を単体といい、2種類以上の元素からなる物質を化合物というんだ。

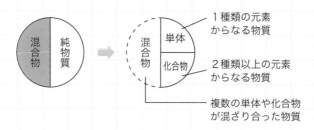

図6-2：物質の分類

➡ 似た名前だが別物! 同位体と同素体、異性体

　単体は、さらに同素体と同位体に分けることができるんだ。

◆同素体

　同じ元素であっても、性質の異なる物質を同素体という。例えば、ダイヤモンドと黒鉛が同素体の関係にある（どちらも炭素［C］で構成されている）。この性質の違いは、分子構造の違い（ダイヤモンドは立体、黒鉛は平面）からきているんだ。

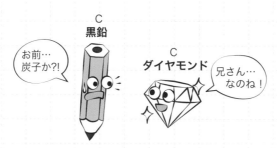

図6-3：同素体のイメージ

一方、同位体は、同一原子番号の同じ物質ではあるが、原子核を構成する中性子数が違うことによって、異なる性質を示すものをいうんだ（例：水素と重水素）。同位体はあまり出題がないので、同素体とこのあと学習する異性体が要チェックだ！！

◆異性体

分子式は同じであるが、性質の異なる化合物を異性体というんだ。

分子式 C_2H_6O では、エチルアルコール（エタノール）とジメチルエーテルの関係がそれだ！

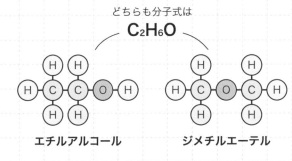

どちらも分子式は
C_2H_6O

エチルアルコール　　　　ジメチルエーテル

図6-4：異性体の分子構造の比較

Step3 暗記 何度も読み返せ！

☐ ドライアイスが解けて気化する現象は［物理］変化である。

☐ 原子は、［正］の電荷を持つ陽子と電荷を持たない［中性子］を原子核の中心に据え、周囲を［負］の電荷を持つ電子で構成されている。

☐ 分子式は同じなのに、異なる物質として異なる性質を示すもの同士を［異性体］という。

☐ ガソリンと空気は［混合物］で、水は［化合物］である。

燃えろ! 演習問題

本章で学んだことを復習だ! 分からない問題は、テキストに戻って確認するんだ! 分からないままで終わらせるなよ!!

問題 Lv1

🔥 01 液体から固体になる変化を凝縮という。

🔥 02 気体から固体になる変化を昇華という。

🔥 03 液体から気体になる変化を融解という。

🔥 04 固体から液体になる変化を融解という。

🔥 05 気体から液体になる変化を凝縮という。

🔥 06 氷を0℃の水に変えるための熱を顕熱という。

🔥 07 一般的に蒸気圧は温度が高くなると低くなる。

🔥 08 物体の温度変化に使われる熱を潜熱という。

🔥 09 水に食塩を溶かした食塩水の沸点は、100℃より低くなる。

🔥 10 水は室温でも長期間放置しておくといつの間にか蒸発してなくなるのは、水蒸気の蒸気圧が働いているためである。

🔥 11 水の比重は、0℃のときが一番大きい。

🔥 12 水は他の物質に比べて、温まりにくく冷めやすい。

🔥 13 物質1gの温度を1K（1℃）だけ上昇するのに必要な熱量を比熱という。

🔥 14 熱量 [J] は、熱量×重さ [g] ×温度差 [℃] で計算される。

🔥 15 次のうち、単体はいくつあるか。

水・空気・食塩水・二酸化炭素・酸素・塩化ナトリウム・灯油・軽油・エチルアルコール・マグネシウム・重油・硫酸

1. 1つ　　　2. 2つ　　　3. 3つ　　　4. 4つ　　　5. 5つ

🔥 16 次のうち、混合物はいくつあるか。

水・空気・食塩水・二酸化炭素・酸素・塩化ナトリウム・灯油・軽油・エチルアルコール・マグネシウム・重油・硫酸

1. 1つ　　　2. 2つ　　　3. 3つ　　　4. 4つ　　　5. 5つ

🔥17　次のうち、化合物はいくつあるか。
　　　水・空気・食塩水・二酸化炭素・酸素・塩化ナトリウム・灯油・軽油・
　　　エチルアルコール・マグネシウム・重油・硫酸
　　　1. 1つ　　　2. 2つ　　　3. 3つ　　　4. 4つ　　　5. 5つ

正しい文章は、そのまま正しいものとして覚えるんだ！　誤りの文章は、どこが不正解
なのか、正しい文章にするにはどうすればよいかの視点で復習するんだ！

解説 Lv.1

🔥01　✕ →テーマNo.01
　　　凝縮ではなく、凝固だ。

🔥02　○ →テーマNo.01

🔥03　✕ →テーマNo.01
　　　融解ではなく蒸発（または気化）だ。

🔥04　○ →テーマNo.01

🔥05　○ →テーマNo.01
　　　または液化でもOKだぞ。

🔥06　✕ →テーマNo.04
　　　顕熱ではなく、潜熱だ！

🔥07　✕ →テーマNo.03
　　　温度上昇と共に、蒸気圧も高くなるぞ。

🔥08　✕ →テーマNo.04
　　　温度変化に使われる熱は顕熱だ。温度計で測れる顕著な熱というわけだ！

🔥09　✕ →テーマNo.02
　　　沸点上昇及び凝固点降下が発生するので、沸点は100℃以上になり、凝固点
　　　は0℃以下となるぞ！！

🔥10　○ →テーマNo.02

🔥11　✕ →テーマNo.01
　　　0℃のときではなく、4℃のときだ。これは絶対覚えておくんだ！！

🔥12　✕ →テーマNo.04
　　　水の比熱は他の物質に比べて大きいので、より多くの熱量が必要となる。
　　　よって、「温まりにくく冷めにくい」が正解だ！

🔥 **13** ◯ →テーマNo.04

🔥 **14** ✕ →テーマNo.04

　　正しくは、熱量＝比熱×重さ[g]×温度差[℃]で計算できるぞ。

🔥 **15** 2. 2つ →テーマNo.06

　　酸素（O_2）とマグネシウム（Mg）が単体だ。

🔥 **16** 5. 5つ →テーマNo.06

　　混合物に当たるのは、空気（窒素、酸素、二酸化炭素の混合物）、食塩水（水と塩化ナトリウムの混合物）、灯油、軽油、重油（炭化水素の混合物）だ。

🔥 **17** 5. 5つ →テーマNo.06

　　化合物に当たるのは、水（H_2O）、二酸化炭素（CO_2）塩化ナトリウム（NaCl）、エチルアルコール（C_2H_6O）、硫酸（H_2SO_4）だ。

問題 Lv.2

🔥 **18** 次のうち、同素体の関係にないものの組合せはいくつあるか。

　　・酸素とオゾン　　　　・濃硫酸と希硫酸　　　　・赤りんと黄りん

　　・黒鉛とダイヤモンド　　・メタノールとジメチルエーテル

　　1. 1つ　　　　2. 2つ　　　　3. 3つ　　　　4. 4つ　　　　5. 5つ

🔥 **19** 熱伝導率の大小は、気体＞液体＞固体の順番である。

🔥 **20** 静電気は電気の良導体ほど発生しやすい。

🔥 **21** 静電気の発生を抑制するためには、室内湿度を高くすると良い。

🔥 **22** ボイルの法則によれば、温度一定下で一定質量の気体の体積は、圧力に正比例する。

🔥 **23** 原子は原子核とその外側で運動する電子で構成され、原子核は負の電荷をもった陽子と無電荷の中性子からなる。

🔥 **24** 原子核中の陽子数を原子番号、原子番号と電子の数を合わせたものを質量数という。

🔥 **25** 原子量は炭素原子の質量数を14として相対的に求めた原子の質量である。

🔥 **26** 水素と酸素の原子量は、それぞれ1、16である。

🔥 **27** 金、銀などは単体名と元素名が異なる。

🔥 **28** 次の文章の空白に入る語句の組合せとして正しいものはどれか。

　　『ある標準に対する（A）の比を（B）という。固体・液体では4℃のときの水、気体では（C）が標準として用いられる。気体の場合を特に（D）という』

選択肢	A	B	C	D
1.	密度	比重	窒素	ガス比重
2.	密度	比重	空気	蒸気比重
3.	密度	比重	水	空気比重
4.	比重	密度	空気	蒸気比重
5.	比重	密度	水	蒸気比重

🔥**29** 電流と電圧、そして電気抵抗との関係性を表した法則を、カラスの法則という。

🔥**30** 圧力一定下で、一定質量の気体の体積は絶対温度に比例する法則をシャルルの法則という。

🔥**31** 静電気は綿素材よりもナイロン等の合成繊維類に発生し、人体には帯電しない。

解説 Lv.2

🔥**18** 2. 2つ →テーマNo.06

メタノールとジメチルエーテルは分子式C_2H_6Oで表される異性体の関係だ。濃硫酸と希硫酸は硫酸の濃度の濃さの違いで、ものは一緒だぞ。

🔥**19** ✕ →テーマNo.04

固体＞液体＞気体の順番だ、本問は逆になっているぞ！

🔥**20** ✕ →テーマNo.05

電気の不良導体ほど発生しやすいぞ。

🔥**21** ◯ →テーマNo.05

室内湿度を75%以上にすると、静電気の発生を抑えられるぞ。

🔥**22** ✕ →テーマNo.03

ボイルの法則では、気体の体積と圧力は反比例するぞ。

🔥**23** ✕ →テーマNo.06

陽子は負ではなく、正（＋）の電荷だ。

🔥**24** ✕ →テーマNo.06

質量数は、陽子の数（原子番号）と中性子の数を合わせたものだ。

🔥**25** ✕ →テーマNo.06

炭素原子の質量を12としたときの相対質量だ。

🔥**26** ◯ →テーマNo.06

🔥 **27** ✕ →テーマNo.06

単体名と元素名は同じだぞ。

🔥 **28** 2 →テーマNo.01

空白に正しい語句を入れると、次の通り。

『ある標準に対する（A：密度）の比を（B：比重）という。固体・液体で
は4℃のときの水、気体では（C：空気）が標準として用いられる。気体の
場合を特に（D：蒸気比重）という』

🔥 **29** ✕ →テーマNo.05

カラスの法則ではなく、オームの法則だ。間違えないように！！

🔥 **30** ◯ →テーマNo.03

🔥 **31** ✕ →テーマNo.05

人体にも帯電するぞ。冬場にセーターを脱ぐときに痛い思いをしている人
もいるはずだ！　その対処法は、加湿であることもあわせて確認しよう！！

問題 Lv.3

**本試験レベルの計算問題は、第3章で詳細に学習するが、ここでは公式や法則の意味
を理解しているかを問うための最低限の知識で解ける問題を用意したぞ。**

🔥 **32** 気温15℃の飽和状態で12.6gの水蒸気を含む空気が20℃になったときの相
対湿度を求めよ。ただし、20℃のときの飽和水蒸気量は17.3gで、答えは
小数点以下第2位を四捨五入しなさい。

🔥 **33** 0℃、圧力一定下のもとで、体積Vの気体を加熱した場合、体積が1.5Vに
なるときの温度は何℃か。

解説 Lv.3

🔥 **32** 72.8% →テーマNo.05

相対湿度の計算は、以下の公式で求めることができるぞ。

$$相対湿度 = \frac{（現在の空気中に含まれる水蒸気量（g/m^3））}{（その温度における飽和水蒸気量（g/m^3））} \times 100$$

本問の数値をこの公式に当てはめると、

（分母）＝17.3g、（分子）＝12.6g

よって、12.6/17.3×100＝72.8323…≒72.8%となるぞ。

🔥 **33** 136.5℃ →テーマNo.03

問題文中に、「圧力一定」と記載があるので、シャルルの法則を用いるぞ。

$$シャルルの法則＝\frac{（V（体積））}{（T（絶対温度））}＝一定$$

温度変化の前後を通じて一定となるから、加熱前と後のTとVをそれぞれ確認するぞ。温度は、絶対温度に換算することを忘れずに！

（加熱前）温度：0℃（273K）　　　　体積：V

（加熱後）温度：T（求める値）　　　体積：1.5V

上記値をシャルルの法則に入れて、前後が一緒になる（イコールの等号で結ぶ）ので、計算は以下の通りとなるぞ。

$$\frac{V}{273}＝\frac{1.5V}{T}$$ 左右両辺共にVがあるので、これは省略できるぞ。

なお、単純にVとなっているが、係数の1が省略されていることを忘れずに！

$$\frac{1}{273}＝\frac{1.5}{T}$$

これを、「T＝」形に変換するぞ。

T＝273×1.5＝409.5K

「じゃあ正解は409.5だ！」ではないぞ、早まるな！！

問題文中には、『何℃か』と記載があるので、絶対温度をセ氏温度に換算する必要がある。

よって、T＝409.5－273＝136.5℃　となるんだ。

第 **2** 章

基礎的な化学を
学ぼう

本章では、基礎的な化学について学習するぞ。この後の章で学習する内容の土台（基礎）となる分野だから、語呂合わせ等の箇所は要注意だ！　計算問題（特にpH）を難しく感じる人は多いが、定型化した出題がほとんどだから、それをそのまま覚えてしまうといいぞ！

アクセスキー （小文字のイー）

No. 07 /55 — 化学界の四天王法則

本テーマでは、法則の定義や意味そのものを問う問題は出題されていないが、この法則を理解していないと、後述する化学反応式や熱化学方程式が分からなくなってしまうんだ。学習の基礎となる分野だから、とても重要だ！！

Step1 図解 — 目に焼き付けろ！

化学反応式と熱化学方程式で最も重要なのは、質量保存の法則だ。これは、反応前後における質量の総和は変わらないという考え方。定比例の法則と倍数比例の法則は、法則の内容を理解しておけばOKだ。アボガドロの法則は、第1章テーマ3の公式を理解しておくべし！！

化学の基本法則

化学

- 質量保存の法則
- 定比例の法則
- 倍数比例の法則
- アボガドロの法則

Step2 解説 爆裂に読み込め!

➡ 化学界の四天王（法則）

　まずは、これから学ぶ化学の理解を深めるために、大前提となる化学の4大法則について見ていくぞ!　四天王ともいえる大前提の法則は、質量保存の法則、定比例の法則、倍数比例の法則、アボガドロの法則だ。

◆第1：質量保存の法則

　化学変化において、反応前と反応後における質量の総和は変わらない（等しい）ことを、質量保存の法則（別名：質量保存則）というんだ。例を図で見てみよう。

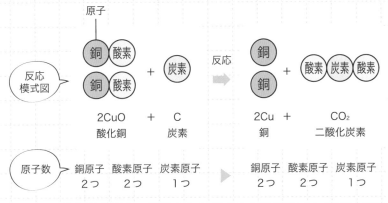

図7-1：**酸化銅が炭素で還元された場合の化学反応式と反応模式図**

> 反応模式図を見ると、反応前後で物質は変化している（酸化銅が単体の銅になっている）けど、反応にかかわっている物質の原子数は反応前後で変わっていないことが分かるはずだ!　つまり、物質は突然消えたりしないということだ！！

◆第2：定比例の法則

　化学変化において、化合物を構成している元素の質量比は、常に一定（原子量・分子量）であることを、定比例の法則というんだ。

　次のグラフは、酸化銅ができるときの銅と酸素の結合比率を表したものだ。これを見ると、「銅4gに対して、酸素1gが化合」、「銅8gに対して、酸素2gが化合」している。このことから、「銅：酸素＝4：1」の一定の質量比で化合していることが分かるはずだ！

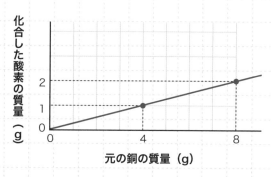

図7-2：酸化銅における酸素と銅の結合比率

◆第3：倍数比例の法則

　2種類の元素AとBが化合して、2種類以上の別の化合物を作るとき、これらの化合物の中で一定量の元素Aと化合しているBの量は、簡単な整数比となるんだ。これが、倍数比例の法則だ。例えば、炭素（元素A）と化合している酸素（元素B）の量は、一酸化炭素と二酸化炭素でどう違うか見てみよう。

一酸化炭素(CO)の酸素：16　　二酸化炭素(CO_2)の酸素：32

　よって、酸素の結合比率は、「一酸化炭素：二酸化炭素 ＝ 1：2」となる！簡単な整数比になっているのが分かるだろう。

◆第4：アボガドロの法則

第1章テーマ3ですでに学習しているが、化学の分野としての出題（または計算問題）が考えられるので、再度見ておくぞ。

すべての気体は、同温・同圧のもとでは、同体積中に同数の分子を含む（ことを表したもの）という法則を<u>アボガドロの法則</u>というんだ。

ちなみに、標準状態（0℃、1気圧）では、22.4 ℓ を占め、その分子数は、$6.02×10^{23}$個となり、その集合を「1mol」と表すんだ。この関係式は超重要だ！！

Step3 暗記 ➡ 何度も読み返せ！

- [ ] 化学変化の反応前後で、質量の総和は変わらない。これは、[質量保存の法則] である。
- [ ] アボガドロの法則によれば、標準状態下で気体は、[22.4] ℓ の体積を占め、このときの粒子数は [$6.02×10^{23}$] 個である。この集まりが、[1mol] である。

重要度：🔥🔥🔥

化学反応を式で表せ！

このテーマでは、前テーマで学習した基本法則を前提に、反応式の書き方を学習するぞ！　反応式そのものを答えさせる問題は出題されないが、計算問題等で反応した物質の量や比を計算するには、反応式が書けないと問題が解けないぞ！

Step1 図解 目に焼き付けろ！

（化学反応式の書き方）

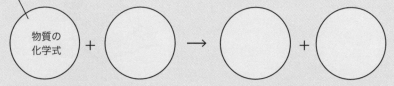

左辺と右辺で原子数が等しくなるよう、係数を付ける

物質の化学式　＋　　　　→　　　＋

左辺（反応前）　　　　　　　右辺（反応後）

覚えるルールはたったの2つだ！
①質量保存の法則より、反応前後の質量の総和は同じだから、左辺と右辺の原子数が等しくなるよう化学式に係数（1は省略）を付ける！
②反応前後で変化した物質のみを記載する！　触媒等の変化しない物質は記載しないぞ！

Step2 解説 爆裂に読み込め！

→ 化学式の書き方のルールを覚えよ!!

　化学式や化学反応式を書くときは、次の2つの大切なルールがあるんだ。なお、文中にサラッと出てきた「触媒」とは、反応を促進する物質ではあるが、そのものは反応前後で変化しない物質のことをいうぞ。

①反応前の物質を左辺、生成（反応後の）物質を右辺にそれぞれ「＋」記号で結び書き、両辺を「→」で結ぶぞ。
②右辺と左辺でそれぞれの原子数が等しくなるように化学式の前に適切な係数を付けるぞ。このとき、係数は簡単な整数比にする必要があるから、1は省略するんだ。

　では、上記のルールを参考にして、前テーマの質量保存の法則で反応模式図を見た酸化銅の還元を例に、化学反応式を書いてみるぞ。省略しない4ステップで、理解してくれよな！！

【例：酸化銅が炭素で還元されて、銅が析出した。】

Step1. まずは化学式を元に反応式を書いてみよう。この時点では、係数は気にしなくていいぞ。
　　　　酸化銅と炭素が反応して、銅［Cu］が析出して二酸化炭素［CO_2］が発生した。
　　　　（係数を無視した反応式）⇒ $CuO + C → Cu + CO_2$

Step2. 左辺と右辺の原子数を確認しよう。その上で不足する数の調整に係数を付けるぞ。
　　　　　（係数を無視した反応式）⇒ $\underline{CuO} + \underline{C} → \underline{Cu} + \underline{CO_2}$
　　　　　　　　　　　　　　　　　Cu1O1　C1　　Cu1　C1O2

原子数が不足するところに係数を付けるといっても、どれから手を付ければいいんですか？

　単体（本問では銅［Cu］）は最後の調整で係数を付ければいい場合が多いので、まずは化合物（本問では酸化銅［CuO］）を優先に係数を判断するんだ。

Step3. 係数を付けるぞ。本問では左辺のO（酸素）原子が不足しているので、2CuOとするぞ。そうすると、今度は右辺のCu（銅）が不足するので、これを「2Cu」とするんだ。

　　　（係数を調整した反応式）⇒ 2CuO＋C → 2Cu＋CO₂

Step4. 最後に原子数を右辺と左辺で等しくなっているか確認すればOKだ！

　　　　（左辺）　　　　　　　　　　　　　　（右辺）
銅原子2つ　酸素原子2つ　炭素原子1つ ＝ 銅原子2つ　酸素原子2つ　炭素原子1つ

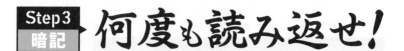

Step3 暗記　何度も読み返せ！

　以下の化学式の ［ ］ 内に適切な係数を入れなさい。ただし、通常、係数「1」は省略するものだが、本問では、1でも省略せずに記載しなさい。

□ 水素が燃焼して水が生成した。
　⇒ ［ 2 ］ H₂＋ ［ 1 ］ O₂ → ［ 2 ］ H₂O
□ 過酸化水素が分解して酸素が発生した。
　⇒ ［ 2 ］ H₂O₂ → ［ 2 ］ H₂O＋ ［ 1 ］ O₂
□ 炭素が不完全燃焼して、一酸化炭素が発生した。
　⇒ ［ 2 ］ C＋ ［ 1 ］ O₂ → ［ 2 ］ CO

No. 09 /55 化学反応で生じる熱も式に盛り込め！

このテーマでは、熱化学方程式について学ぶぞ！　簡単にいえば、熱化学方程式とは、前テーマで学習した化学反応によって発生（吸収）した熱量を化学反応式に加えたものだ！　少し数学チックな話が出てくるが、コツを覚えれば難なく解けるようになるぞ！

Step1 図解 目に焼き付けろ！

熱化学方程式の書き方

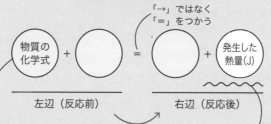

「→」ではなく「＝」をつかう

物質の化学式 ＋ ○ ＝ ○ ＋ 発生した熱量(J)

左辺（反応前）　　　　右辺（反応後）

係数が分数になることもある（基準となる物質を 1 mol とするため）

どのようなプロセスをたどっても、反応によって発生する総熱量は同じとなる（ヘスの法則）

＋は、発熱反応　−は、吸熱反応

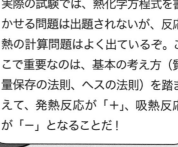

実際の試験では、熱化学方程式を書かせる問題は出題されないが、反応熱の計算問題はよく出ているぞ。ここで重要なのは、基本の考え方（質量保存の法則、ヘスの法則）を踏まえて、発熱反応が「＋」、吸熱反応が「−」となることだ！

爆裂に読み込め！

➡ 変化と同時に熱の出入りがある？

先日、綺麗な女性を見て俺は恋に落ち（変化）、恋の熱（反応）がメラメラ沸いてきたんだ。ところが、その人に彼氏がいると知って（変化）、意気消沈さ（反応）。恋の熱も化学も一緒。何かしらの変化にともなって発生または吸収される熱量がある。これを反応熱という。このとき、熱の発生をともなう反応を、発熱反応、熱の吸収をともなう反応を吸熱反応というんだ。熱化学方程式の書き方は、化学反応式や質量保存の法則を踏まえて、次の3点を押さえておこう！

・左辺に反応前の物質、右辺に反応後の物質を記載するんだ。当然だが、粒子数は左辺と右辺で同数でないとだめだぞ！（化学反応式＋質量保存の法則）
・「→」ではなく、「＝」で左辺と右辺を結ぶんだ！（化学反応式とは異なるぞ！）
・右辺の最後に反応熱を記載するぞ！

反応熱は、発熱が「＋」、吸熱が「ー」になる点はミスしやすい箇所なので要注意だ！ 発熱によって出ていった熱を補う（プラスする）ことで、反応における熱の総量が前後で同じだと表しているんだ！

> 熱化学方程式の多くは発熱反応（＋）だが、N（窒素）が関与する反応の場合は、吸熱反応（ー）になることが多いぞ。

なお、反応熱については、以下5つを覚えておくんだ！！

◆完全燃焼の燃焼熱

燃焼熱とは、物質1molが完全燃焼するときに発生する熱量のことで、左辺にある反応物を基準とした熱量でもあるぞ！

$C + O_2 = CO_2 + 394.3kJ$ ……(1)

⇒基準となる物質（炭素［C］）1molが燃焼（酸素［O］と反応）して二酸化炭素が発生するときは、394.3kJの発熱反応、という意味になるぞ！！

◆生成物から見た生成熱

生成熱とは、化合物1molが成分元素の単体から生成されるときに発生・吸収する熱量のことをいうぞ。

⇒燃焼熱は、左辺にある反応物（炭素C）1molを主軸においた話で、生成熱は、右辺にある生成物（二酸化炭素CO_2）1molを主軸においた熱量というわけだ。

そうすると、上記記載の熱化学方程式（1）は、炭素を主軸に見れば燃焼熱であり、かつ、二酸化炭素を主軸に見れば生成熱と解釈することができるぞ！！

◆生成と真逆の分解熱

物質1molが分解するときに発生・吸収する熱量のことを、分解熱というぞ。生成熱と分解熱は方向が逆だけで熱量は等しくなるが、熱の出入りは逆になることに注意しよう！

◆「酸＋塩基」の中和熱

中和熱とは、酸と塩基の中和反応（詳細はテーマ10にて解説）によって発生する熱量のことだ。

$$HClaq + NaOHaq = H_2O + NaClaq + 59.6kJ$$

"aq"は、水溶液"aqua"の略だ。「(aq)」と表記されることもあるぞ！

◆水に溶かしたら溶解熱

溶解熱とは、物質1molを多量の溶媒中に溶かしたときに発生・吸収する熱量のことだ。

上記5つの反応熱を総括すると、①～④は化学変化にともなう反応熱で、⑤のみ物理変化による反応熱と分かるはずだ！！

➡ どの道を選んでも最終的には同じ！

前テーマでは、化学反応の前後で反応に関わる物質の総量は変わらない（質量保存の法則）ことを学んだわけだ。このことは、熱量についても同じように成立する。「物質Aが物質Bになるときに生じる反応熱」は、「物質Aが物質Cをへて物質Bになるときの反応熱の総和」と等しくなるんだ。つまり、反応熱の総量は、その段階によらず、一定になるということだ。これをヘスの法則という。

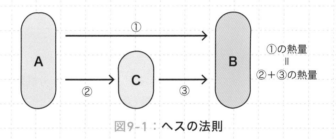

図9-1：ヘスの法則

「質量保存の法則」の熱化学方程式版、それがヘスの法則（総熱量保存の法則）だ。

では、実際に炭素を例に熱化学方程式を求めてみるぞ。ヘスの法則によれば、次のようになるんだ。

A→C：炭素の不完全燃焼（一酸化炭素）
C→B：一酸化炭素の燃焼熱
A→C：炭素の燃焼熱、二酸化炭素の生成熱

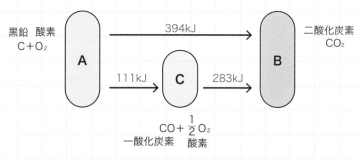

図9-2：炭素にみるヘスの法則

冒頭の図中にも説明を記載したが、化学反応式と異なり、熱化学方程式の場合は対象となる物質1molあたりの熱量となるから、反応物質の係数が分数になることは問題ないぞ！

> 熱化学方程式と化学反応式の一番の違い、それは、係数が分数になることだ！！

$$A \rightarrow C : C(黒鉛) + \frac{1}{2}O_2(気) = CO(気) + 111kJ \quad \cdots\cdots(1)$$

$$C \rightarrow B : CO(気) + \frac{1}{2}O_2(気) = CO_2(気) + 283kJ \quad \cdots\cdots(2)$$

（1）＋（2）の連立方程式を解くと……

$$C(黒鉛) + \frac{1}{2}O_2(気) = CO(気) + 111kJ \quad \cdots\cdots(1)$$

$$+) \quad CO(気) + \frac{1}{2}O_2(気) = CO_2(気) + 283kJ \quad \cdots\cdots(2)$$

$$\boxed{A \rightarrow B} \quad C \quad + \quad O_2 \quad = CO_2 \quad +394kJ$$

よぉーし！　だいたい分かりました！
あとはテーマ16「化学反応式トレーニング」でアウトプットして実力をつけます！！

Step3 暗記

何度も読み返せ！

- [ ] 反応熱は、発熱反応の場合には［＋］、吸熱反応の場合には［－］となる。なお、窒素がかかわる反応の多くは吸熱反応である。
- [ ] 反応の前後で総熱量は変わらない。これを［ヘスの法則］という。
- [ ] 5種類ある反応熱の中で、唯一の物理変化による反応熱は、［溶解熱］である。

No. 10 /55 酸性と塩基(アルカリ)性

このテーマでは、酸と塩基の違いを理解した上で、頻出のpHの計算問題を学ぶぞ！
pHを求める公式的なものを学ぼうとすると、激ムズの数学を学ぶことになるから、
簡易にpHを求めることができるプロセスを集中的に見ていくぞ！！

Step1 図解 ▶ 目に焼き付けろ！

酸性と塩基性

中性の溶液中では、H^+とOH^-は等しい濃度割合で存在しているんだ。このバランスが崩れると、酸性または塩基性となるんだ。

リトマス紙
青→赤　　赤→青

H^+
水素イオンが
発生している

OH^-
水酸化物イオンが
発生している

H^+　　OH^-

酸性　　塩基(アルカリ)性

似たようなことを、テーマ6の「原子の構造」で触れたのを覚えているか？　忘れた人は確認しよう、「イオン」がそれだ！！

水素イオン指数

pH

0　1　2　3　4　5　6　⑦　8　9　10　11　12　13　14

中性

強 ← 酸性　　　塩基性 → 強

イオン濃度

H^+　　　　　　　　　　　　　　OH^-

爆裂に読み込め！

→ なぜイオンになるんだ？

　原子は本来、＋の電荷を持つ陽子の数と−の電荷を持つ電子の数が同じで、全体としての電荷はゼロとなっていて安定しているものなんだ。ところが、何かしらの理由でこのバランスが崩れて電子を受け取ったり失ったりすることで、全体としての電荷のバランスが崩れたものがイオンなんだ。＋の電荷を持つものを陽イオン、−の電荷を持つものを陰イオンというぞ。

> どうなると、陽イオンと陰イオンになるんですか？

　電気的にはプラスマイナスゼロの状態が良い場合もあるが、物質として電子を受け取ったり放出する（失う）方が安定するようなときに、陽イオンと陰イオンに分かれるんだ。このことを電離というんだ。水溶液中で陽イオンと陰イオンに電離する物質を電解質といい、電解質が水溶液中で電離している割合を電離度というぞ。電離度が高い物質ほど、酸や塩基が強いということになるんだ。

> つまり、酸・塩基の強弱は、濃度の強弱ではなく、電離度の違いというわけですね！

　なお、酸性・塩基性を決めるのは、H^+とOH^-の割合だ。水溶液中でH^+（水素イオン）を放出したり、他の物質に与えたりする物質を酸といい、水溶液中でOH^-（水酸化物イオン）を放出したり、水素イオンを受け取る物質を塩基というんだ。

> 中学の理科では、「アルカリ性」として学んだ人もいるかもしれないが、化学の世界では、「塩基性」という言葉で表現するんだ。

▼表10-1：酸性と塩基性の特徴

酸性	塩基性
・青色リトマス紙を赤くする ・水溶液中でH⁺を放出する ・pHが7より小さい ・金属を溶かす	・赤色リトマス紙を青くする ・水溶液中でOH⁻を放出する ・pHが7より大きい ・フェノールフタレインを赤くする ・指で触れるとヌルヌルする

➡ 中和：酸＋塩基→水＋塩

酸に塩基を加えたり、逆に塩基に酸を加えると、次のように反応するぞ。

$$HCl+NaOH \rightarrow NaCl+H_2O$$
$$H_2SO_4+2NaOH \rightarrow Na_2SO_4+2H_2O$$

この反応式中のNaClやNa₂SO₄のように酸と塩基が反応してできる物質を塩（えん）といい、酸と塩基が反応して塩と水ができる反応を中和というんだ。

➡ 水素イオン指数（pH）

水溶液の酸性・塩基性の強弱は、電離度の強弱によると前項で見たが、その度合いは、pH（水素イオン指数）という基準で表されるぞ。pHは0〜14の数値で表され、pH＝7のときに中性（このときのH⁺とOH⁻は同数存在）となり、H⁺が増えてpH＜7で酸性、OH⁻が増えてpH＞7で塩基性となるんだ。

主な物質のpH表と代表的な酸・塩基について一覧にしたぞ。

▲図10-1：身近な溶液のpH値

諦めたら、そこで試合終了なんだ！

▼表10-2：代表的な酸と塩基

	強酸	中くらいの酸	弱酸	強塩基	弱塩基
1価	塩酸、塩素酸、ヨウ化水素酸	亜塩素酸	酢酸、次亜塩素酸	水酸化ナトリウム、水酸化カリウム	アンモニア
2価	硫酸	亜硫酸	炭酸、硫化水素、シュウ酸	水酸化カルシウム、水酸化バリウム	水酸化銅（Ⅱ）
3価		リン酸	ホウ酸		水酸化アルミニウム

➡ pHの計算方法（簡単に解くコツ）

水溶液の酸性・塩基性の度合いを表すのに用いられるのが、pH（水素イオン指数）だ。pHは、「ペーハー」または「ピーエッチ」と読み、次の式で求められるぞ。

$$\text{【pHの求め方】} \quad pH = -\log[H^+] = \frac{\log 1}{H^+} \quad \cdots ①$$

$[H^+]$ は、水素イオン濃度を表している。中性のpHは7だから、このときの水素イオン濃度は、①より、10^{-7} だと分かるはずだ。

$pH = -\log 10^{-7} = -(-7) \times \log 10 = 7$（「$\log 10 = 1$」は必ず覚えておこう！）

よって、$pH = 10^{\blacklozenge}$ となるときの、◆に該当する部分の数値がpHの値になると分かるはずだ。ただし、これは水溶液中で100%電離していることを前提としているので、問題文中に電離度の記載があった場合にはそれを考慮する必要があるぞ！！

では、以下簡単な例題でpHの計算をやってみるぞ。

[例題] 以下の①②のpHを求めなさい。ただし、電離度は1とする。
　　　　①0.001mol／ℓ の塩酸のpH
　　　　②0.01mol／ℓ の水酸化ナトリウム水溶液のpH

[解説]

①塩酸は、水溶液中で次のように電離するぞ。

HCl → H^+ ＋Cl^-

電離度が1なので、塩酸と水素イオンの濃度は同じになる。

$[H^+]$ ＝ 0.001mol／ℓ ＝ 10^{-3}mol／ℓ

電離度が1の場合のpHは、$10^{-◆}$ の『◆』となるから、pH＝3となる。

> 電離度1の酸性物質のpHは計算がシンプルで分かりやすいな！！
> 塩基性物質のpHは少し手間がかかるから、気を付けて続きをみ
> ていこう。

②水酸化ナトリウムは、水溶液中で次のように電離するぞ。

NaOH → Na^+ ＋OH^-

電離度が1なので、水酸化ナトリウムと水酸化物イオンの濃度は同じになる。

$[OH^-]$＝0.01mol／ℓ＝10^{-2}mol／ℓ

ここで早とちりしてはダメ。上記はOH^-の濃度だから、これをH^+の濃度に変換する必要があるぞ。

pH＝7（中性）のとき、水素イオン濃度は10^{-7}で、このときの水酸化物イオンの濃度も10^{-7}と同じになることを念頭に、以下の通り求めることができるぞ。

phは、0〜14の間の数値になるから、$[H^+] \times [OH^-] = 10^{-14}$　となるんだ。

$$pH = -\log[H^+] = -\log\frac{10^{-14}}{[OH^-]} = -\log\frac{10^{-14}}{10^{-2}} = -\log 10^{-12} = 12$$

よって、pH＝13となる。

酸性物質の場合、電離度1のときはシンプルに$10^{-◆}$の「◆」の値となるんだ。塩基性物質の場合にはH^+の濃度に変換して計算するぞ。電離度が1より小さい場合、酸・塩基が弱くなるので、電離度1のときよりもpHの値が酸性の場合は大きくなるし、塩基性の場合には小さくなるぞ！！

☐ 物質が溶液中でイオンに分かれることを［電離］といい、電離度の［高い］物質ほど、酸性・塩基性が強いことになる。

☐ 酸性物質の特徴として、［青］色リトマス紙を［赤］色に変える。

☐ 酸と塩基が反応してできる物質を［塩］といい、［塩］と水ができるこの反応は［中和］という。

No. 11 /55 大の仲良し!? 酸化と還元

このテーマでは、酸化・還元反応の定義についてみていくぞ！ テーマ8で学習した化学反応式もからめた分野で、多くの受験生は酸素結合の有無で酸化を定義しているが、このほか水素と電子の授受を基準とする場合もあるんだ。

Step1 図解 目に焼き付けろ！

酸化と還元

酸化・還元はいつも同時に起きている

	酸化	還元
酸素数	増 ⬆	減 ⬇
水素数 電子数	減 ⬇	増 ⬆

水素と電子の増減は、酸化と還元で同じなんだ。酸素数を基準に酸化と還元を覚えている場合は、その逆が水素と電子の増減になっているぞ！

爆裂に読み込め!

→ 羨まし過ぎるぞ、ずーっと一緒だなんて…

　俺の想いを受けとめてくれる、素敵な女性とずーっといっしょにいたいんだ!!　おっと失礼、心の声が。本題に入るぞ。

　酸素を基準に考えたとき、物質が酸素と化合することを酸化といい、物質が酸素を失うことを還元というんだ。このことは分かっているかもしれないが、水素と電子を基準に考えると、酸素とは基準が逆になるんだ。

　物質が水素または電子を失うことを酸化といい、物質が水素または電子と結合することを還元というんだ。

【酸化反応の例】
・炭素が燃焼して二酸化炭素になる（酸素との化合）：$C+O_2 \rightarrow CO_2$
・硫化水素が塩素で酸化されて硫黄が析出（硫黄が水素を失う）：
　$H_2S+Cl_2 \rightarrow S+2HCl$

【還元反応の例】
・酸化銅（Ⅱ）が水素で還元されて銅が析出（酸素の放出）：
　$CuO+H_2 \rightarrow Cu+H_2O$
・硫黄が水素で還元されて硫化水素が発生（水素との結合）：$S+H_2 \rightarrow H_2S$

　化学反応の世界では、酸化と還元は「必ず」同時発生している現象なので、表裏一体のものとして覚えておくんだ!!

表11-1：酸化と還元のまとめ

	酸素	水素	電子
酸化	増加	減少	
還元	減少	増加	

➡ 混同注意!　酸化剤と還元剤

　酸化還元反応において、反応相手を酸化する物質を酸化剤、一方、反応相手を還元する物質を還元剤というんだ。

> 「反応相手を酸化する」ということは、酸化剤は他の物質に酸素を渡す物質ってことだな!　逆に、還元剤は、反応相手から酸素を奪う物質といえるぞ!!

表11-2：代表的な酸化剤と還元剤

酸化剤	酸素O_2、オゾンO_3、過酸化水素H_2O_2、過マンガン酸カリウム$KMnO_4$など
還元剤	水素H_2、一酸化炭素CO、硫化水素H_2S、硫黄S、ナトリウムNaなど

> 物質によっては、酸化剤にも還元剤にもなる物質があるんだ。試験でよく出ているのが、「硫酸酸性溶液中で」というフレーズで、これが出てきた場合、ほぼ酸化剤と理解してほしい!!

Step3 暗記　何度も読み返せ!

☐ 酸化とは、物質が［酸素］と結合することである。また、［水素］または［電子］を失う反応も酸化である。

☐ 還元とは、物質が［水素］または［電子］と結合する反応であり、［酸素］を失う反応も還元である。

☐ 酸化と還元は［同時］に発生しており、相手物質を酸化するものを［酸化剤］、相手物質を還元する物質を［還元剤］という。

第2章　基礎的な化学を学ぼう

ゴロで覚えろ！
金属と非金属

このテーマでは、金属・非金属の特性を学ぶぞ！　一般的特性と、族（グループ）ごとの特徴を見ていくが、ありがたいことに簡単な語呂合わせで覚えられるんだ！これまでサラッと見てきたイオンについても触れているぞ。要チェックだ！！

Step1 図解 目に焼き付けろ！

金属と非金属の分類

金属（陽イオン）

- アルカリ金属（1価）
- アルカリ土類金属（2価）

非金属

- ハロゲン（1価陰イオン）
- 希ガス（安定）

イオン化

原子（中性）

イオン化 ＋の電気を帯びる

イオン化 －の電気を帯びる

電子放出 →　＋　陽イオン

－ → 電子吸収　陰イオン

元素は全部で100種類以上あるけど、試験に出るのはごく一部の特徴的な物質だ。それぞれの物質名とイオン化傾向は、語呂合わせで絶対に暗記してくれよ！！

Step2 解説 爆裂に読み込め!

→ 金属の一般的特性

書いてある事は普通のことばかりだが、ここからたまに出題されているぞ。侮るなかれ!

・常温で固体、特有の金属光沢を持つ。
・熱や電気の良導体。
・酸に溶けるものが多く、陽イオンになりやすい。
・融点が高く、比重も大きい。
・展性（たたくと広がる）と延性（引っ張ると伸びる）に富んでいる。

ただし、金属の種類によっては、以下のような例外もあるので注意しよう。「原則ある所に例外あり」っていうやつだ!

・常温で液体の金属（Hg）もある。
・燃えるもの（Mg、K）も存在する。

比重が4以上のものを重金属、4以下のものを軽金属というんだ。

◆アルカリ金属

次に挙げるのが、アルカリ金属だ。酸に溶けて、1価の陽イオンになるぞ。

Li（リチウム）、Na（ナトリウム）、K（カリウム）
Rb（ルビジウム）、Cs（セシウム）、Fr（フランシウム）

ゴロ リッチなカーちゃん、ルビーセシめて、フらんすへ
Li Na K Rb Cs Fr

ホーホー

◆アルカリ土類金属

次に挙げるのが、アルカリ土類金属だ。土中に含まれる物質が多いから、「土類」っていうんだ。酸に溶けて、2価の陽イオンになるぞ。

頑張るのはいま。いまやらずにいつやる?

Be（ベリリウム）、Mg（マグネシウム）、Ca（カルシウム）
Sr（ストロンチウム）、Ba（バリウム）、Ra（ラジウム）

ゴロ　ビームがマグ（まぶ）しい、キャッスルとバ・ラ

◆金属のイオン化傾向

　金属原子の多くが酸に溶けて、水溶液中では陽イオンの状態で存在しているが、この陽イオンへのなりやすさをイオン化傾向というんだ。イオン化傾向の順番に金属を並べたものをイオン化列というぞ！

図12-1：イオン化列

非金属の特性

◆ハロゲン

次に挙げるものをハロゲンといい、1価の陰イオンになるぞ。
F（フッ素）、Cl（塩素）、Br（臭素）
I（ヨウ素）、At（アスタチン）

ゴロ　フックラ、ブラジャー、私に合ってる？

◆希ガス

『希少なガス』だから、希ガスというんだ。不活性のため、ほとんど反応しな

い安定した（イオンにならない）物質群だぞ。

He（ヘリウム）、Ne（ネオン）、Ar（アルゴン）
Kr（クリプトン）、Xe（キセノン）、Rn（ラドン）

優先して覚えるべきは、アルカリ金属、アルカリ土類金属、ハロゲンだ！　希ガスはそういう物質があるんだなーっていう程度でいいぞ！

Step3 暗記　何度も読み返せ！

- ☐ 金属は常温で［固体］の状態だが、［水銀］のように常温で液体のものも存在する。
- ☐ 比重が4以上の金属を［重金属］、4以下の金属を［軽金属］という。
- ☐ ［アルカリ金属］は、酸に溶けて［1］価の陽イオンになる。
- ☐ ［アルカリ土類金属］は、酸に溶けて［2］価の陽イオンになる。
- ☐ ハロゲンは、［1］価の陰イオンになる。

有機化合物って
なんだ？

有機化合物が単体で出題されることはあまりないが、無機化合物との違いや、第4類
危険物の内容を理解する上では必須の知識だ。特に大事なのは無機化合物との違い
と、有機化合物の特徴を示す官能基だ！

Step1 図解 目に焼き付けろ！

有機化合物の分類

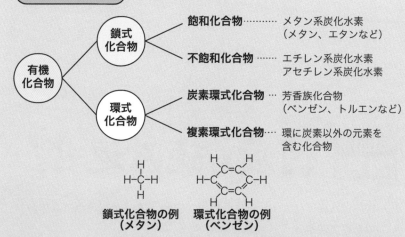

有機化合物 ─ 鎖式化合物 ─ 飽和化合物 ………… メタン系炭化水素
（メタン、エタンなど）

不飽和化合物 …… エチレン系炭化水素
アセチレン系炭化水素

環式化合物 ─ 炭素環式化合物 … 芳香族化合物
（ベンゼン、トルエンなど）

複素環式化合物 … 環に炭素以外の元素を
含む化合物

鎖式化合物の例
（メタン）

環式化合物の例
（ベンゼン）

有機化合物の結合が、一直線（鎖状）になっているものを鎖式化合物というんだ。その化合物内の結合部に不飽和結合がある場合を不飽和化合物というぞ。一方、結合が輪状（サイクル）になっているものを環式化合物というんだ。輪が炭素結合のみでできている物質を炭素環式化合物というぞ。

Step2 解説 爆裂に読み込め！

→ 特徴：無機⇔有機

炭素と水素を主体とした化合物を有機化合物というんだ。単純な酸化物（二酸化炭素や一酸化炭素）や、炭酸塩（炭酸カルシウム、炭酸ナトリウムなど）は除かれるぞ。

有機化合物は、化合物内の炭素原子の結合の仕方で分類することができるが、試験にはそこまで細かい内容は出題されないぞ！

なお、有機化合物以外の物質を無機化合物というんだ。有機化合物と無機化合物の違い（特徴）は次の通りだ。

表13-1：**有機化合物と無機化合物の違い**

	有機化合物	無機化合物
成分	炭素、水素、酸素、窒素等からなる	すべての元素からなる
融点と沸点	沸点・融点は低い	低いものも高いものもある
溶解性	一般に水に溶けにくい	一般に水に溶けやすい
可燃性	燃えやすい	燃えにくい
反応速度	遅いものが多い	速いものが多い
通電性	一般に電気を通さない	電気を通すものが多い

有機化合物の性質は、この化合物に含まれる特定の型の原子の集まりによって決まってくる。それぞれの有機化合物を特性付けているこの原子の集まりを、官能基というぞ。
名称を問う問題は出題されていないから、細かくおぼえなくていいが、それぞれの有機化合物の概要をざっくり理解することを意識しよう。

表13-2：官能基による有機化合物の分類

有機化合物	官能基の特徴
炭化水素類	炭素と水素のみで構成される化合物
アルコール類	炭化水素のHが水酸基（-OH）で置き換えられた化合物
フェノール	ベンゼン環に結合するHが水酸基（-OH）で置き換えられた化合物
アルデヒド	アルデヒド基（-CHO）をもつ化合物
ケトン	カルボニル基（ケトン基＞CO）の両端に炭化水素基が結合した化合物
エーテル	酸素原子（-O-）に2個の炭化水素基が結合した化合物
カルボン酸	カルボキシル基（-COOH）をもつ化合物

Step3 暗記 何度も読み返せ！

□ 炭素と水素を主体とした化合物を［有機化合物］といい、［単純な酸化物］と［炭酸塩］は含まない。

□ 有機化合物の化学的な性質は、炭化水素基に結合する［官能基］が特有の化学的性質を示している。

□ 無機化合物と比較して、有機化合物の融点・沸点は［低く］、電気の［不良導体］である。

No. 14 /55 どのくらい溶けた？

このテーマでは、気体と固体の溶媒への溶け具合（溶解度）について学習するぞ。溶解度は温度上昇で変化するわけだが、これは身近な現象で考えると分かりやすいぞ！ 濃度の計算は、ある程度パターン化しているので、単位から計算法を覚えるといいぞ!!

Step1 図解 目に焼き付けろ！

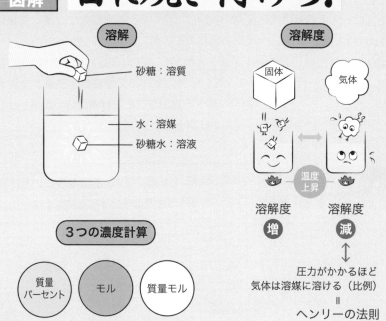

溶解

砂糖：溶質

水：溶媒

砂糖水：溶液

溶解度

固体　気体

温度上昇

溶解度 増　溶解度 減

圧力がかかるほど
気体は溶媒に溶ける（比例）
＝
ヘンリーの法則

3つの濃度計算

質量パーセント　モル　質量モル

溶解度は身近な例で理解しよう。炭酸飲料は、温くなると気が抜けてしまう。また、アイスコーヒーよりホットコーヒーの方が砂糖が溶けやすくなるな。

爆裂に読み込め！

➡ 水に何かしら溶かしたら？

　図解の、水に砂糖を溶かす様子を見てほしい。液体に他の物質が溶けて均一な状態になることを溶解というんだ。このとき、溶解によってできた均一な液体を溶液というぞ。そして、水のように何かを溶かす液体を溶媒、砂糖や塩のように何かに溶ける物質を溶質というぞ。図の砂糖水を元に見れば、砂糖水は溶液、水は溶媒、砂糖は溶質ということだ！

➡ 固体は加熱、気体は加圧でより溶ける！

　溶媒に対する溶質の溶解度合い（溶け具合）を、溶解度というぞ。言葉の定義は知っていて当然で、大事なのはこのあとだ。

　固体の溶解度は、温度が上昇すると増加し、その表し方は、溶媒100gに溶けている溶質のg数で換算するんだ。一方、気体の溶解度は、温度が上昇すると減少するが、「一定温度下における一定量の溶媒に溶ける気体の質量」は圧力に比例するんだ。これをヘンリーの法則というぞ。

> 圧力をかけることで、空間中の気体分子が、溶媒等液体に溶ける質量は増えるから、ヘンリーの法則は成立するといえるな！！

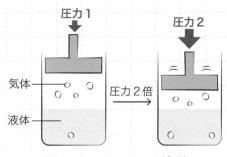

図14-1：ヘンリーの法則

なお、気体の場合、1気圧の溶媒100gに溶けている気体のg数か、気体の体積を標準状態に換算した値で計算するぞ！

濃度計算の3公式とその使い分け法

溶液に含まれている溶質の割合が、その溶液の濃度になるんだ。溶液濃度の表し方には、次の3つがあるぞ。①何を求めているのか、②問題文中に与えられている数値の単位は何か、この2点を中心に見ると理解が早くなるぞ！！

◆質量（重量）パーセント濃度

溶液の質量に対する溶質の質量割合により計算するぞ。

$$質量（重量）パーセント濃度 \Rightarrow \frac{溶質の質量}{溶液の質量} \times 100$$

$$= \frac{溶質の質量}{溶媒の質量＋溶質の質量} \times 100$$

例えば、100gの砂糖（溶質）を100gの水（溶媒）に、完全に溶かすことを考えてみよう。このとき、溶液は200g（砂糖100g＋水100g）に対して、砂糖が100g溶けているので、質量パーセント濃度は50％となるんだ。

◆モル濃度

1ℓの溶液中に含まれる溶質の物質量で表されるぞ。

$$モル濃度[mol／ℓ] = \frac{溶質[mol]}{溶液[ℓ]}$$

例えば、食塩117gを水に完全に溶かして、1ℓの食塩水ができたとしよう。このときの食塩水のモル濃度を計算する。ただし、分子量はNa=23、Cl＝35.5とする。

Naは23g/mol、Clは35.5g/molとなるから、食塩（NaCl）は58.5g/molで表される。事例の117gは2molとなるので、この食塩水のモル濃度は、次のようになるんだ。

$$\frac{\text{溶質[mol]}}{\text{溶液[}\ell\text{]}} = \frac{2}{1} = 2\,mol/\ell$$

分母が溶液、分子は溶質のグラム数を、物質量に換算する必要があるんだな！！

◆質量モル濃度

先ほどのモル濃度のアタマに「質量」がついているが、内容が全くの別物だ。1kgの溶媒中に含まれる溶質の物質量で表されるぞ。

$$\text{質量モル濃度[mol／kg]} = \frac{\text{溶質[mol]}}{\text{溶媒[kg]}}$$

例えば、食塩58.5gを1Kgの水に溶かした食塩水の質量モル濃度は、NaClの分子量58.5より、58.5g/molとなるから、次のようになるんだ。

$$\frac{\text{溶質[mol]}}{\text{溶媒[kg]}} = \frac{1\,[mol]}{1\,[kg]} = 1\,mol/kg$$

分母が溶媒になっているのが、質量モル濃度ってことだな！　この違い、重要だぞ！！

Step3 暗記　何度も読み返せ！

□ 温度上昇により溶解度が大きくなるのは、[固体]である。

□ 気体の溶解度は、温度一定下において[圧力]に比例する。これをヘンリーの法則という。

□ 1ℓの溶液中に溶ける溶質の物質量は、[モル濃度]で求めることができ、1Kgの溶媒中に溶ける溶質の物質量は[質量モル濃度]で求めることができる。

燃えろ！演習問題

本章で学んだことを復習するんだ！　分からない問題は、テキストに戻って確認だ！　分からないままで終わらせるなよ！

問題 Lv1

🔥 **01** 他の物質に水素を与える性質のあるものを酸化剤という。

🔥 **02** ガソリンが燃焼して、二酸化炭素と水になるのを還元反応という。

🔥 **03** 他の物質に酸素を与える性質のあるものを還元剤という。

🔥 **04** 鉄が空気中でさびるのを還元反応という。

🔥 **05** 反応する相手の物質によって、酸化剤として作用したり、還元剤として作用する物質がある。

🔥 **06** 化学変化において、反応前後で物質の質量総和が変わらないのは、質量不変の法則である。

🔥 **07** アボガドロの法則によれば、すべての気体は同温・同圧のもとで同体積中に同数の分子を含んでいる。

🔥 **08** 化学反応式を書くときは、簡単な整数比とするため1は省略する。

🔥 **09** 反応熱の大きさは、反応物質と生成物質が同じであれば、反応経路が異なっても総量は変わらない。

🔥 **10** イオン化傾向が大きい物質は、水溶液に溶けにくく、イオンになりにくい。

🔥 **11** 酸は赤色のリトマス紙を青色にし、塩基は青色のリトマス紙を赤色にする。

🔥 **12** アルカリ金属は水と反応するので灯油中に保存する。

🔥 **13** 軽金属は比重が大きい金属をいう。

🔥 **14** アルカリ土類金属は王水でなければ溶けない。

🔥 **15** イオン化傾向が最も小さい金属は銀である。

🔥 **16** 金属は酸に溶解すると陰イオンになる。

🔥 **17** 水溶液中で水素イオンを受け取る物質を酸という。

🔥 **18** 水溶液中で水酸化物イオンを放出する物質を塩基という。

🔥 **19** pH＝7で中性のとき、水素イオンと水酸化物イオンは同数存在している

🔥 **20** 酸化反応と還元反応は、同時に起こらない場合がある。

正しい文章は、そのまま正しいものとして覚えるんだ！誤りの文章は、どこが不正解なのか、正しい文章にするにはどうすれば良いかの視点で復習すると良いぞ！！

解説 Lv.1

🔥 **01** ✕ →テーマNo.11

水素を与えるのは、酸化剤ではなく還元剤だ。酸素を与える物質が酸化剤だ。

🔥 **02** ✕ →テーマNo.11

還元反応ではなく、酸化反応だ。

🔥 **03** ✕ →テーマNo.11

酸素を与える物質は、酸化剤だ！

🔥 **04** ✕ →テーマNo.11

これが酸化反応だ！

🔥 **05** ○ →テーマNo.11

🔥 **06** ✕ →テーマNo.07

質量保存の法則が正解だ。

🔥 **07** ○ →テーマNo.07

🔥 **08** ○ →テーマNo.08

🔥 **09** ○ →テーマNo.09

正しい記述で、これがヘスの法則だ。

🔥 **10** ✕ →テーマNo.10

イオン化傾向が大きい物質ほど、溶けやすくイオンになりやすいんだ！

🔥 **11** ✕ →テーマNo.10

「赤いサンタ（青色→赤色：酸性）と青で歩こう（赤色→青色：アルカリ性）リトマス紙」語呂合わせで覚えるんだ！

🔥 **12** ○ →テーマNo.12

本テキストでは触れていないが、アルカリ金属は空気中で自然発火する危険な物質（第3類危険物）だから、灯油中で完全に浸漬して保存するんだ。要は液面から出ていない状態ということだ！

🔥 **13** ✕ →テーマNo.12

軽金属は、比重が4以下の軽い金属のことだ。

🔥 **14** ✕ →テーマNo.12

アルカリ土類金属は、一般に他の酸類で溶かすことができるぞ。テキストでは触れていないが、王水とは、塩酸：硝酸＝3：1で混合した溶液で、イオン化傾向の小さいプラチナ（Pt）や金（Au）も溶かしてしまう強力な液体だ。

🔥 **15** ✕ →テーマNo.10

イオン化傾向の語呂合わせを見れば、最小は金（Au）と分かるはずだ。

🔥 **16** ✕ →テーマNo.10

金属は、陽イオンになるんだ。

🔥 **17** ✕ →テーマNo.10

水溶液中で水素イオンを放出する物質を酸というんだ。

🔥 **18** ◯ →テーマNo.10

🔥 **19** ◯ →テーマNo.10

🔥 **20** ✕ →テーマNo.11

常に同時に発生しているぞ。酸化と還元は、仲良しコンビだ！

問題 Lv.2

🔥 **21** 炭素が酸素と反応して二酸化炭素が発生した。このときの化学反応式を書け。

🔥 **22** 塩化ナトリウムと硫酸が反応して、硫酸ナトリウムと塩化水素が発生したこのときの化学反応式を書け。

🔥 **23** 気体の溶解度は、温度上昇と共に増加する。

🔥 **24** 一定温度において、一定量の溶媒に溶ける気体の質量は圧力に比例する。

🔥 **25** 1molの窒素が酸素と反応して2molの一酸化窒素になるときの熱化学方程式は「$N_2+O_2= 2NO-180.8kJ$」となるが、これは、発熱反応である。

🔥 **26** 食塩を水に溶かして食塩水を作った。このとき、溶液は食塩水で、水は溶媒、溶質は食塩である。

🔥 **27** ハロゲンは、1価の陰イオンになる。

🔥 **28** イオン化傾向が最も大きいのはカリウムで、最も小さいのは金である。

🔥 **29** 過酸化水素水を放置したら、酸素が発生した。これは物理変化である。

🔥 **30** 希硫酸に炭酸水素ナトリウムを加えたら二酸化炭素が発生した。これは物理変化である。

🔥 **31** 有機合物の特徴は、炭化水素基に結合する官能基の性質に由来する。

解説 Lv.2

🔥 **21** $C+O_2 \rightarrow CO_2$ →テーマNo.08

シンプルに考えればいい。反応物質は、炭素Cと酸素O_2で、生成物質は二酸化炭素CO_2だ。これを書けばいいから、「$C+O_2 \rightarrow CO_2$」。

🔥 **22** $2NaCl+H_2SO_4 \rightarrow Na_2SO_4+2HCl$ →テーマNo.08

反応物質は、塩化ナトリウム（$NaCl$）と硫酸（H_2SO_4）で、生成物質が硫酸ナトリウム（Na_2SO_4）と塩化水素（HCl）だ。これを書けばよいが、係数に気を付けよう。

$NaCl+H_2SO_4 \rightarrow Na_2SO_4+HCl$

左辺と右辺の原子数を比較すると、左辺のNaが少ないので、係数を$2NaCl$とする。そうすると、今度は右辺のClが少ないので、これを$2HCl$とする。これで完成だ。「$2NaCl+H_2SO_4 \rightarrow Na_2SO_4+2HCl$」。

🔥 **23** ✕ →テーマNo.14

温度上昇と共に減少するぞ、ぬるーい炭酸水は気が抜けていることからも分かるはずだ！！

🔥 **24** ◯ →テーマNo.14

ヘンリーの法則のことだ。

🔥 **25** ✕ →テーマNo.09

「−」の熱量表記の場合は、吸熱反応だ。

🔥 **26** ◯ →テーマNo.14

🔥 **27** ◯ →テーマNo.12

🔥 **28** ◯ →テーマNo.12

🔥 **29** ✕ →テーマNo.06, 08

物理変化ではなく、$2H_2O_2 \rightarrow 2H_2O+O_2$　という化学変化だ。

🔥 **30** ✕ →テーマNo.06, 08

物理変化ではなく、$2NaHCO_3+H_2SO_4 \rightarrow Na_2SO_4+2H_2O+2CO_2$　という化学変化だ。

🔥 **31** ◯ →テーマNo.13

第 **3** 章

物理・化学・計算 強化合宿

危険物取扱者の試験は、テキストを読んだだけでは合格できない。テキストの知識を基に、問題を解く力を養成する必要があるんだ。そこで、変則的だが本章は問題だけをとにかく解いてもらうぞ。試験で問われやすい要点を中心に、化学式や計算に関する練習問題を作成した。

化学式を直接書かせる問題は出題されないが、これを書けないと、熱化学方程式をはじめ、計算問題に必要な数値を導き出すことができないんだ。計算問題は解き方のプロセスを丁寧に解説したから、繰り返し解くことで解法が身につくぞ。

アクセスキー　**r**　（小文字のアール）

No. 15 /55

物理・計算トレーニング

問題文から必要な数値等をピックアップし、何を求めるのか、どの公式を使うのかを見極めよう。苦手かもしれないが、ひとつひとつ考えてみれば、できるようになるぞ！　本試験レベルも混ぜた11問をクリアして、自信につなげろ！

トレーニング1

01 101.3kPaで27℃である、ボイル・シャルルの法則が成立する気体を加熱して127℃にした。このときの圧力はいくらか。もっとも近いものを一つ選べ。

(1) 83kPa　　(2) 106kPa　(3) 276kPa

(4) 135kPa　(5) 76kPa

02 電気抵抗が0.05Ωのある導体に5Aの電流を10秒間流した。このときのジュール熱はいくらか。もっとも近いものを一つ選べ。

(1) 12.5J　(2) 6.25J　(3) 3.15J　(4) 25.0J　(5) 1.50J

03 0℃の水100gを温めて50℃にするのに必要な熱量はいくらか。もっとも近いものを一つ選べ。ただし、水の0℃における比熱を4.207J/g・℃とする。

(1) 21.0kJ　　(2) 42.0kJ　　(3) 64.0kJ

(4) 121.0kJ　(5) 11.0kJ

トレーニング1 解説

実際に手を使い、どの公式を使うのか、計算過程に誤りがないかなど、チェックしよう。

01 (4)

ボイル・シャルルの法則より、「$\dfrac{PV}{T}=$一定」。本設問では、体積の記載が

ない（この場合、体積は反応前後で一緒として無視する）ので、温度と圧

力の関係として、体積を除いた「$\dfrac{P}{T}$＝一定」として問題を解く。与えら

れた条件より、27℃で101.3kPa、127℃で求める圧力をPとする。

$$\frac{101.3}{273+27} = \frac{P}{273+127}$$

両辺に（273＋127）を掛けて、「P＝」の形に変形する。

$$P = \frac{101.3}{300} \times 400 = \frac{4}{3} \times 101.3 = 135.0666\cdots$$

よって、（4）の135kPaが正解だ。

> 温度は、絶対温度（273＋セ氏温度）になるので、間違えないように！

02 （1）

単位時間t、電圧Vを掛けて電流Iを流した際に発生する熱量（ジュール熱）
は、Q＝VItで計算できる。

本問では、問題文中にある数字を拾うと、t：10秒、I：5A、V：不明とな
り、Vが分からずに困ってしまう。しかし、電気の公式にある、オームの
法則を使えば、電圧を求めることができる。オームの法則はE＝RI。つま
り、電圧は電気抵抗と電流の積（掛け算）なので、

V ＝ 5×0.05 ＝ 0.25

以上より、Q ＝ 0.25×5×10 ＝ 12.5となるから、（1）の12.5Jが正解と
なる。本問は、公式を変形することによって計算を行う、本試験レベルの
問題だ。

03 （1）

求める熱量をQとしたとき、熱量Qは「公式：Q＝mS⊿t」で求められる
な。問題文中より数値を拾うと次のようになる。

m：100g、S：4.207、⊿t：50℃（50−0より）

よって、求める熱量は、

$Q = 100 \times 4.207 \times 50 = 21{,}035J$

ここで選択肢を見ると、すべてk（キロ）を基準としているので、先ほどの計算結果もキロに換算（1,000分の1をかける）すると、21.035kJとなる。よって、これに最も近い選択肢は（1）の21.0kJだ。

トレーニング2

04 内容積1,000ℓのタンクに満たされた液温15℃のガソリンを35℃まで温めた場合、タンク外に流出する量として正しいものは次のうちどれか。ただし、ガソリンの体膨張率を$1.35 \times 10^{-3} K^{-1}$とし、タンクの膨張およびガソリンの蒸発は考えないものとする。

(1) 1.35ℓ　　(2) 6.75ℓ　　(3) 13.5ℓ

(4) 27.0ℓ　　(5) 54.0ℓ

05 気温15℃の飽和状態で12.6gの水蒸気を含む空気が20℃になったときの相対湿度を求めよ。ただし20℃のときの飽和水蒸気量を17.3gとする。

(1) 72.8%　　(2) 4.7%　　(3) 12.3%

(4) 137.3%　　(5) 62.8%

06 プロパン〔C_3H_8〕4.4gを過不足なく完全燃焼させるのに必要な空気は、0℃、1.013×10^5Pa（1気圧）で何ℓか。ただし、空気を「窒素：酸素 ＝ 4：1」の体積比の混合気体とし、原子量は、H＝1、C＝12、0＝16とする。

$C_3H_8 + 5O_2 \rightarrow 3CO_2 + 4H_2O$

(1) 5.6ℓ　　(2) 11.2ℓ　　(3) 22.4ℓ

(4) 44.8ℓ　　(5) 56.0ℓ

トレーニング2 解説

04 (4)

「熱膨張後の体積＝膨張前の体積＋膨張前の体積×体膨張率×温度差」の公式を使うぞ。問題文中より、数字を拾い出す。

膨張前の体積：1,000ℓ、体膨張率：$1.35 \times 10^{-3} K^{-1}$、温度差：20℃

（35℃－15℃より）

第 1 科目：基礎的な物理学及び基礎的な化学

これらの数字を公式に当てはめる。

膨張後の体積 ＝ 1,000＋1,000×1.35×10⁻³×20

$$（10^{-3}は\frac{1}{1,000} 1/1,000だから、1,000と相殺できる！）$$

$$＝1,000＋1.35×20$$

$$＝1,027\ell$$

タンク内容積は1,000ℓなので、27.0ℓあふれ出ることが分かるな。よって、（4）の27.0ℓが正解だ。

05 （1）

相対湿度は「$\dfrac{現在の空気中に含まれる水蒸気量}{その温度における飽和水蒸気量}×100$」で求められる。

本問では、分母に17.3g、分子は12.6gなので…

$$相対湿度 ＝ \frac{12.6}{17.3}×100 ＝ 72.832…$$

よって、（1）の72.8％が正解だ。

06 （5）

プロパン（C_3H_8）の分子量は、（12×3）＋（1×8）＝44となる。したがってプロパン1mol＝44gになる。燃焼させるプロパンは、問題文中より、4.4gであり、その物質量は4.4÷44＝0.1molとなる。

問題文中に記載のある化学反応式によると、プロパン1分子と酸素5分子が反応していることが分かる。よって、プロパン0.1molに対して反応する酸素は、0.5molであることが分かるんだ。

標準状態の気体は1mol＝22.4ℓであることから、0.5molの場合は、22.4×0.5 ＝ 11.2ℓの酸素分子が必要になることが分かる。

「これで正解は11.2ℓだ！」と思うのは早計！　ちょっと待った！！

求めるのは、『必要な空気の量』だ。11.2ℓの酸素分子を得るために必要な空気の量を求めよう。

設問より、空気の体積は「窒素：酸素＝4：1」の体積比であることから、酸素1を得るために必要な空気の量は5となる。したがって、11.2ℓの酸素を得るには11.2ℓ×5 ＝ 56.0ℓの空気が必要となる。よって、（5）の56.0ℓが正解となる。

第3章
物理・化学・計算 強化合宿

083

焦らずに問題文を最後まで確認すること（これ、一番大事！）！

 これは本番試験レベルの問題だが、解いてみると、「標準状態の気体1mol＝22.4ℓ」は覚えておくべき知識だと分かるな。

トレーニング3

07 溶液に関する次の文章のうち誤っているものを一つ選べ。ただし、Na＝23、Cl＝36とする。

(1) 1モルの食塩を100gの水に溶かしたとき、食塩水の質量モル濃度は10mol／kgとなる。

(2) (1) の溶液を重量百分率に換算すると、5.9重量％になる。

(3) 水の密度を1g／cm^{3}とすると、この食塩水は10mol／ℓとなる。

(4) 食塩水の濃度を体積百分率で表すことはできない。

(5) 食塩水は0℃以下でないと凍らない。

08 0.01mol／ℓの酢酸のpHはいくらか。最も近いものを一つ選べ。ただし、電離度を0.2、log2＝0.301とする。

(1) 4.9　　(2) 2.0　　(3) 2.7　　(4) 1.3　　(5) 3.0

09 10^{-4}mol／ℓの水酸化カルシウムのpHはいくらか。最も近いものを一つ選べ。ただし、電離度を0.8、log1.6＝0.204とする。

(1) 3.8　　(2) 8.8　　(3) 12.1　　(4) 10.5　　(5) 7.3

トレーニング3 解説

07 (2)

$$重量百分率 ＝ \frac{溶質}{溶質＋溶媒} ×100$$ より、1molの食塩は59gなので…

$$重量百分率 ＝ \frac{59}{100＋59} ×100 ≒ 37.11\%$$

となる。よって、(2) が誤り。(1) (3) (4) は正しい記述だ。

08 (3)

酢酸は、水溶液中で次のように電離する。

$CH_3COOH \Leftrightarrow CH_3COO^- + H^+$

このとき、完全に電離すれば、「酢酸濃度＝水素イオン濃度」となり、計算は楽なのだが、電離度を考慮するときは、「酢酸濃度×電離度」で計算する必要がある。

$[H^+] = 0.01 \times 0.2 = 2.0 \times 10^{-3}$

よって、水素イオン濃度は

$-\log[H^+] = -\log(2 \times 10^{-3}) = 3 - \log 2 = 3 - 0.301 = 2.699$

以上より、最も近い値は（3）の2.7となる。

電離度を考慮する水素イオン濃度の計算の勘所は、$10^{-\diamond}$ となる「$\diamond$」の部分の整数から、与えられた「$\log \square =$」の数値を差引くことだ。難しくも感じるが、頻出だから覚えておくんだ！

09 (4)

水酸化カルシウムは、水溶液中で次のように電離する。

$Ca(OH)_2 \Leftrightarrow Ca^{2+} + 2OH^-$

電離度を乗じることは当然として、本問の水酸化カルシウムは、2価の塩基なので、価数をかけることを忘れないように！　よって、

$[OH^-] = 10^{-4} \times 0.8 \times 2 = 1.6 \times 10^{-4}$

$-\log[OH^-] = -\log(1.6 \times 10^{-4})$

$4 - \log 1.6 = 4 - 0.204 = 3.796$

ここまでの計算で、およそ3.8として（1）を選ぶのは待った！　水酸化カルシウムは2価の塩基だ。pHは、7を中性として7以下を酸性、7以上を塩基性としている。ここまでで求められた数値は、$[OH^-]$ の濃度であることに注意しよう。求めるのは、$[H^+]$ の濃度だ。

ここで、pHの関係性として、$[H^+] \times [OH^-] = 10^{-14}$ という関係性がある。pHは0〜14の相関関係にあるので、

$pH = 14 - 3.796 = 10.204$

となる。選択肢中で、最も近い値は（4）の10.5となる。

10 ジエチルエーテル10ℓ、アセトン100ℓ、重油1,000ℓを貯蔵または取扱う施設の指定数量の倍数はいくらか。最も近いものを一つ選べ。

(1) 0.95　　(2) 2.95　　(3) 2.5　　(4) 0.55　　(5) 0.75

11 次の液体の引火点及び燃焼範囲の下限値の数値として考えられる組合せとして、正しいものはどれか。

「ある引火性液体は30℃で液面付近に濃度9vol%の可燃性蒸気を発生した。この状態でマッチの炎を近づけたところ引火した。」

	引火点	燃焼範囲の下限値
(1)	10℃	11vol%
(2)	15℃	4vol%
(3)	25℃	10vol%
(4)	35℃	8vol%
(5)	40℃	6vol%

トレーニング4 解説

10 (1)

指定数量が分からないと回答できないので、まずは第4類危険物の指定数量を確実に覚えよう。それぞれの指定数量は以下の通り。

ジエチルエーテル：50ℓ、アセトン：400ℓ、重油：2,000ℓ

よって、

$$指定数量の倍数 = \frac{10}{50} + \frac{100}{400} + \frac{1,000}{2,000} = 0.2 + 0.25 + 0.5 = 0.95$$

となり、(1)の0.95が正解だ。

11 (2)

30℃で引火したので、引火点が35℃と45℃（30℃超）の選択肢（4）と（5）は誤りだと分かるな。また、濃度9vol%で引火したので、燃焼範囲の下限値は9vol%以下だと分かるので、選択肢（1）の11vol%と、（3）の10vol%も誤りということになる。よって、残る選択肢（2）が正解だ。

重要度：🔥🔥🔥

No. 16 /55 化学反応式トレーニング

化学反応式自体を書かせる問題は試験で出題されないが、この反応式を元に計算問題が出題されることがあるから、正しい反応式を書けるようにトレーニングだ！　書き方等の基本は、第2章テーマ8、9を復習しよう。

[トレーニング1]　**以下の化学反応式を書きなさい。**

01 炭素が燃焼して、二酸化炭素が発生した。
02 水素に火をつけたら、蒸気が発生した。
03 水の入った容器に電極を入れて、電気分解をしたら2種類の気体が発生した。

トレーニング1 解説

01 $C + O_2 \rightarrow CO_2$

反応前の物質が炭素と酸素だから、反応によって生成する物質が二酸化炭素であることが分かれば、シンプルに解答できるぞ。

02 $2H_2 + O_2 \rightarrow 2H_2O$

反応前の物質が水素で、それに「火をつけた」とあるから燃焼反応（酸素）であることが分かるはずだ。水素と酸素を構成物質とする液体は、水（H_2O）だから、まずはシンプルに記載するんだ。

$H_2 + O_2 \rightarrow H_2O$

左右両辺の粒子数が一緒である必要がある（質量保存の法則だ）から、数をそろえるぞ。

（左辺）	（右辺）
水素2　酸素2	水素2　酸素1

右辺の水の係数を2にする。

（左辺）	（右辺）
水素2　酸素2	水素4　酸素2

左右の酸素の粒子数は同じになった。あとは左辺の水素の係数を2にすれば両辺で粒子数がそろうな。

$2H_2+O_2→2H_2O$

03 $2H_2O→2H_2+O_2$

水の電気分解により、構成物質である酸素と水素が発生するぞ。問02の化合の真逆の反応というわけだ。

[トレーニング2] **以下の化学反応式を書きなさい。**

04 硫化水素が塩素で酸化された。

05 硫黄が水素で還元された。

06 炭素が不完全燃焼をした

[トレーニング2 解説]

04 $H_2S+Cl_2→S+2HCl$

酸化・還元の定義を忘れてしまったら、もう一度テーマ11を復習するんだ。酸化は、①酸素との結合②水素または電子の放出だ。本問は、硫化水素が水素を失うので、酸化反応といえるんだ。このとき、単体の硫黄と塩化水素が生成される。

$H_2S+Cl_2→S+HCl$

それじゃあ、左右両辺の粒子の数をそろえるぞ。

（左辺）	（右辺）
水素2　硫黄1　塩素2	硫黄1　水素1　塩素1

右辺にある塩化水素の係数を2にすれば、左右の粒子数がそろう。

$H_2S+Cl_2→S+2HCl$

05 $S+H_2→H_2S$

酸化・還元の定義は間違えないようにしよう。還元とは、①酸素の放出もしくは②水素または電子との結合だ。本問では、硫黄と水素が結合して、硫化水素が生成される反応式を素直に書ければOKだ。

06 $2C+O_2 \rightarrow 2CO$

問01では、炭素の完全燃焼による二酸化炭素の反応式をみてきたが、本問では不完全燃焼による一酸化炭素の生成について書いてみよう。反応前の物質は、炭素と酸素で同じだぞ。

$C+O_2 \rightarrow CO$

それじゃあ、左右両辺の粒子の数をそろえるぞ。

（左辺）	（右辺）
炭素1　酸素2	炭素1　酸素1

右辺の酸素数をそろえるため、係数を2にしよう。そして、炭素数が増えた分、左辺の単体炭素の係数を2にすればOKだ。

$2C+O_2 \rightarrow 2CO$

（トレーニング3）**以下の化学反応式を書きなさい。**

07 食塩に硫酸を加えたら、硫酸ナトリウムと塩化水素が発生した。

08 エタノールを完全燃焼させたら、二酸化炭素と水が発生した。

09 エタノールを脱水したら、ジエチルエーテルが発生した。

（トレーニング3 解説）

07 $2NaCl+H_2SO_4 \rightarrow Na_2SO_4+2HCl$

本問もご丁寧に反応前の物質（食塩、硫酸）と反応後の物質（硫酸ナトリウム、塩化水素）と記載があるので、シンプルに反応式を書いてから、両辺の粒子数をそろえればOKだ。

$NaCl+H_2SO_4 \rightarrow Na_2SO_4+HCl$

それじゃあ、左右両辺の粒子の数をそろえるぞ。

（左辺）	（右辺）
ナトリウム1 塩素1 水素2 硫黄1 酸素4	ナトリウム2 硫黄1 酸素4 水素1 塩素1

左辺の塩化ナトリウムの係数を2、右辺の塩化水素の係数を2にすれば粒子数がそろうぞ。

$2NaCl+H_2SO_4 \rightarrow Na_2SO_4+2HCl$

08 $C_2H_5OH+3O_2 \rightarrow 3H_2O+2CO_2$

問題文にここまでご丁寧な記載（反応前物質：エタノール、反応後物質：

二酸化炭素、水）は通常あまりないのだが、記載に甘えてまずは化学式を書き並べてから、左右の粒子数をそろえるようにしよう。

$C_2H_5OH + O_2 \rightarrow H_2O + CO_2$

それじゃあ、左右両辺の粒子の数をそろえるぞ。

（左辺）	（右辺）

炭素2　水素6　酸素1　酸素2　　水素2　酸素1　酸素2　炭素1

左辺のエタノールの粒子数にあわせるべく、右辺の係数は、二酸化炭素を2、水を3とする。そうすると、最後は左辺の酸素の係数を3にすれば、左右の粒子数はそろうぞ。

$C_2H_5OH + 3O_2 \rightarrow 3H_2O + 2CO_2$

09　$2C_2H_5OH \rightarrow H_2O + C_2H_5O\ C_2H_5$ または $(C_2H_5)_2O$

分子内脱水といわれる反応で、2分子のエタノールの―OHが反応してH_2Oが発生するとき、エーテル結合（–O–）により、ジエチルエーテルが生成するんだ。

第2科目

危険物の性質ならびにその火災予防と消火の方法

093

水陣背之

「決死の覚悟で立ち向かえ！」

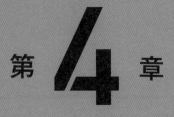

第4章

燃焼・消火に関する基礎理論を学ぼう

本章では、燃焼・消火に関する基礎理論を学習するぞ。燃焼の発生する3要素は、すべてが同時にそろうことで燃焼継続するのだから、消火するにはどうすればいいのだろうか？これが考えるポイントだ。
燃焼範囲の計算問題は、わかりづらい箇所でもあるが、繰り返し解いてパターンを覚えよう！　引火点と発火点の違いも要注意だ！

アクセスキー （小文字のアイ）

No. 17 /55　燃えるってどういうこと?

このテーマでは、燃焼するための条件について学ぶぞ。前章で学んだ通り、酸化反応が光と熱をともなって急激に進行することを燃焼というが、燃焼が継続するために必要な3要素は特に要チェックだ!

Step1 図解　目に焼き付けろ!

実際の試験では、この後(テーマ18)の「燃焼範囲」からよく出題されているんだ。特に、計算問題が要注意!!

Step2 解説 爆裂に読み込め！

→ モノはなぜ燃えるのか？

そこに可燃物・酸素供給源・熱源の3つが同時に存在しているから燃えるんだ！　これを、燃焼の3要素というぞ。

なお、酸化反応が急激に進行して、著しい発熱と発光をともなう現象を燃焼というんだ。燃焼が起こるためには、可燃物・酸素供給源・熱源（点火源）の3つが同時に存在することが必要なんだ。これを、燃焼の3要素というぞ！

つまり、3つの要素が同時にそろわないと燃焼は継続しないから、消火するには、このうちのどれか一つを取り除けばいいってことだ！　テーマ44では、3要素と燃焼物に対応した消火法について学習するが、ここではさわりとして理解しておこう！

→ 完全燃焼と不完全燃焼

人間、やった後悔よりもやらなかった後悔を引きずるモノだ。好きな子に好きと言えなかった青春時代。中途半端は後悔のもとだ。俺はお前と一緒にがっつり学んで、一発合格してもらいたいから完全燃焼するぞ、うぉりゃー！！

こんな感じで、酸素とがっつり反応（燃焼）する場合を完全燃焼といい、酸素との反応が中途半端な燃焼を不完全燃焼というんだ。

有機化合物が完全燃焼すると、炭素はすべて二酸化炭素になるが、不完全燃焼の場合は、二酸化炭素のほかに一酸化炭素も発生するぞ。

不完全燃焼で発生する一酸化炭素は窒息性があって、吸い込むと中毒症状を引き起こし、最悪の場合には死に至るぞ。

第 **4** 章 燃焼・消火に関する基礎理論を学ぼう

できない自分に腹を立てろ！

【完全燃焼の例】

・エチルアルコールの完全燃焼：$C_2H_5OH + 3O_2 \rightarrow 2CO_2 + 3H_2O$

・二硫化炭素の完全燃焼：$CS_2 + 3O_2 \rightarrow 2SO_2 + CO_2$

【不完全燃焼の例】

・炭素の不完全燃焼：$2C + O_2 \rightarrow 2CO$

　このほか、燃焼の仕方によって、以下のように分類することもできるぞ。取得を目指す第4類危険物は引火性液体で、その燃焼は蒸発燃焼だ（詳細は後述するぞ）。

図17-1：燃焼の種類

表17-1：燃焼の種類と特徴

状態	名称	特徴
気体	定常燃焼 （バーナー燃焼）	プロパンガス等の燃焼
	非定常燃焼 （爆発燃焼）	可燃性気体と空気が混合し、密閉空間中で点火すると発生する、爆発的な燃焼
液体	蒸発燃焼	液面から蒸発した可燃性蒸気と空気が混合した燃焼
固体	表面燃焼	可燃性固体の表面が酸素と反応する燃焼（次第に内部に燃焼が進む）
	分解燃焼	可燃物が熱分解されて発生した可燃性ガスによる燃焼
	蒸発燃焼	固体が気化するときの蒸気による燃焼（ナフタリンや硫黄など）
	内部燃焼	自らの物質内に含んでいる酸素と反応する燃焼

第**4**章　燃焼・消火に関する基礎理論を学ぼう

Step3 暗記 → 何度も読み返せ！

- □ 熱と光の発生をともない、急激に進行する酸化反応を［燃焼］という。
- □ 燃焼が継続するには、燃焼の3要素が同時にそろう必要がある。これは、［可燃物］・酸素供給源・［点火源（熱源）］の3つのことである。
- □ 酸素が十分な条件下での燃焼を［完全燃焼］といい、不足する条件下では不完全燃焼となる。このとき発生する［一酸化炭素］は、窒息性があって有毒である。
- □ 第4類危険物の燃焼は［蒸発燃焼］で、液面から発生した［可燃性蒸気］と空気の混合気体が燃焼する。

何℃になったら燃える？

このテーマでは、第4類危険物（引火性液体）の燃焼範囲について学習する！ 燃焼範囲という考え方と引火点と発火点の違いに気を付けてみていくぞ！ 計算問題は、慣れるしかない。問題を繰り返し解きまくれ！！

Step1 図解 目に焼き付けろ！

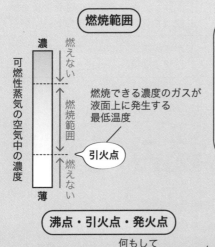

空気と可燃性蒸気の混合気体が燃えるとき、熱源を近づけることで燃焼が発生するときの温度が引火点、熱源がなくても自ら燃焼するときの温度が発火点だ！ この違いは重要だぞ！！

Step2 解説 爆裂に読み込め!

➡ 適量：ほどほどが大事

　合格に向けての勉強はオレと一緒にがっつりやるが、モノが燃えるときの酸素濃度は、がっつりでも中途半端でもダメなんだ。

> 酸素は多すぎても少なすぎても燃焼しないから、適量である必要があるのね。

　その通りだ。燃え始める可燃性蒸気と空気の混合割合の範囲を燃焼範囲（爆発範囲）というぞ。
　燃焼範囲の中で、高濃度の方を燃焼（爆発）上限界、低濃度の方を燃焼（爆発）下限界という。当然だが、燃焼下限界の値が低く、その範囲が広いほど、燃えやすく危険な物質といえるんだ。

> 燃焼範囲の計算問題は頻出だ。燃焼範囲は、混合気体の容量に対する可燃性蒸気の容量の比率（vol%）で表されるぞ。

$$vol\% = \frac{可燃性蒸気の容量}{混合気体の容量} \times 100$$

　ガソリンのような可燃性液体は常に表面から気化して、液面付近には可燃性蒸気が漂っているんだ。液温が上がると、ある温度で可燃性蒸気と空気の混合率が、燃焼範囲に突入するわけだが、このときの最低温度を引火点というんだ。空気中で可燃性物質を加熱したときに、炎や火花を近づけなくても、自ら発火して燃焼を始める最低温度を発火点というぞ！

引火点と発火点の違い、それは、熱源の有無といえるな！ 引火点は熱源で点火されることで燃焼を始める温度のことだが、発火点は熱源がなくても、自ら燃え始める温度のこと。別物だから、間違えるなよ！！

➡ 自然発火は優しい人が突然キレるのと一緒だ！

　一見おとなしそうな人が、突然声を上げてブチギレて、周囲の人がびっくりすることがあるよな。そういう人は、色々なことが積み重なって、ある日突然「プチン」となるわけだ。

　自然発火も同じで、常温の空気中で物質が自然に発熱、その熱が長時間蓄積されて発火点に達して燃焼を起こす現象のことだ。

キレるのも、自然発火も、積み重ねが原因なんですね。とはいえ、燃えやすいものと燃えにくいものの違いって何があるんですか？

　物質の燃焼には、燃焼しやすい状態や性質がある。燃えやすさの違いはこれに関係があるぞ。

▼表18-1：燃焼しやすくなる条件

燃焼 しやすい 状態	・粉末状や霧状など、空気との接触面積（酸化表面積）が大きい状態 ・周囲もしくは物質そのものの温度が高い状態 ・乾燥している状態
燃焼 しやすい 物質	・低温で気化して可燃性蒸気を発生する物質 ・酸化しやすい物質 ・熱伝導率が低く、熱をため込みやすい物質 ・比熱が小さく、少熱量で温度上昇する物質 ・引火点、発火点が低い物質 ・燃焼範囲の下限が低く、その範囲が広い物質

➡ 一緒にしたらダメな、犬猿の仲

酸化と還元はいつも同時に起こっている仲良しコンビだったけど、一緒にいるとケンカをしてしまう組み合わせって、人間だけじゃなくて化学の世界でもあるんだ。混ぜたり一緒にしたりすると、発火や爆発、有毒ガスが発生する物質の組み合わせがある。こういった恐れがあることを混合危険というんだ。代表的なものは、次の4つ。

・酸化性物質と還元性物質
・爆発性物質が生成される組合せ
・アルカリ金属と水（接触禁止という意味で）
・トイレ用洗剤にある酸性洗剤と塩素系洗剤（有毒ガス発生）

意外と身近に多くあるから、一度探してみよう！！

Step3 暗記 何度も読み返せ！

□ 燃焼が発生する可燃性蒸気と空気の混合割合を［燃焼範囲］という。
□ 火を近づけると燃焼を始めるときの温度を［引火点］、熱源がなくても燃焼を始めるときの温度を［発火点］という。
□ 燃焼しやすい物質の特徴として、［酸化表面積］が大きい状態、周囲もしくは物質そのものの温度が［高い］状態、［乾燥］している状態などがある。
□ 一般に、燃焼範囲の下限が［低く］、その範囲が［広い］物質ほど、危険性が高いといえる。

火を消すには？

このテーマでは、消火法についての理論を学ぶぞ！　結論としては、燃焼の逆になっているから、燃焼の理論を思い出しつつ、みていこう！

Step1 図解　目に焼き付けろ！

消火方法

除去消火

燃えるものを取り除く
（アルコールを捨てる）

窒息消火

酸素を断つ
（フタをする）

冷却消火

熱源を冷やす
（水をかける）

このテーマで学習する消火理論が単体で出題されることはあまりないが、危険物ごとに適した消火法がよく出題されているんだ。そのための基礎知識として、これまで学習してきた燃焼の3要素と併せて消火の3要素の原理と方法を覚えておくんだ！！

Step2 解説 ▶ 爆裂に読み込め!

➡ お前に俺の心の熱い炎を消せるか?!

がっつり学んで一発合格を目指すには、完全燃焼が大切だ。なに？ 暑苦しい俺のハートの炎を消したいだと？ それじゃあ教えてやろう。消火には、①除去消火、②窒息消火、③冷却消火の3つの方法があるんだ。ポイントは、燃焼の3要素（可燃物、酸素供給源、熱源）のどれか1つを取り除くことだ。

①俺のハートを奪ってみろ！ 除去消火
　可燃物を取り去ることで消火する方法が、除去消火だ。主なものとして、ガスの元栓を閉めることや、森林火災で周囲の樹木を伐採することなどがあるぞ！

②俺のハートを閉じ込めろ！ 窒息消火
　酸素供給を断つことで消火する方法が、窒息消火だ。理屈としては、空気中に含まれる約21%の酸素濃度が14%以下になると燃焼継続しない（燃焼範囲から外れる）ため、消火することができるんだ。

③俺のハートから熱を奪え！ 冷却消火
　熱源から熱を奪うことで燃焼の継続を遮断し、消火する方法が、冷却消火だ。冷却することで、液温が引火点以下になって、消火することができるというわけだ。広く利用されているのは水で、噴霧して燃焼物にかける方法だ。これは、気化した水蒸気による窒息効果もあるんだ。

第4章 燃焼・消火に関する基礎理論を学ぼう

Step3 暗記 ▶ 何度も読み返せ!

□ 消火するには、燃焼の3要素（可燃物、酸素供給源、熱源）のうち、［どれか1つ］を取り除けばよい。

合格したいという熱意が、一番大事なんだ！

燃えろ！ 演習問題

本章で学んだことを復習するんだ！　分からない問題は、テキストに戻って確認するんだ！　分からないままで終わらせるなよ！！

問　題

🔥 **01**　物質が燃焼するために必要なものを燃焼の3要素という。

🔥 **02**　液体が燃焼するということは、液体そのものが燃焼していることである。

🔥 **03**　炎を近づけることで燃焼が開始する温度のことを発火点という。

🔥 **04**　引火点と発火点は共に低い物質であるほど、燃焼しやすい物質といえる。

🔥 **05**　消火活動を行うには、燃焼の3要素のすべてを取り除かなければならない。

🔥 **06**　除去消火とは、燃焼に必要な酸素を除去する消火法である。

🔥 **07**　熱伝導率の大きい物質ほど燃えやすい。

🔥 **08**　燃焼範囲とは、空気中において燃焼することができる可燃性蒸気の濃度範囲のことである。

🔥 **09**　燃焼している可燃物を消火するためには、燃焼の3要素のうち2要素を取り除けばよい。

🔥 **10**　有機化合物が完全燃焼すると炭素はすべて二酸化炭素になるが、酸素の供給が足りずに不完全燃焼すると、窒素も発生してしまう。

🔥 **11**　水は、比熱が大きく気化熱も大きいので冷却効果が大きい。

🔥 **12**　内部（自己反応性）物質の火災の消火方法は、窒息消火が効果的である。

🔥 **13**　燃焼が起こるためには、酸化物、酸素供給源、熱源の3要素が必要である。

🔥 **14**　ガソリンの燃焼範囲は1.4～7.6vol%である。このガソリン蒸気500mℓに対して空気を次の割合で混合したときに、引火しないものはどれか。正しいものを選びなさい。
　　①12.5ℓ　　②25.5ℓ　　③8.15ℓ　　④2.05ℓ　　⑤30.1ℓ

正しい文章は、そのまま正しいものとして覚えるんだ！誤りの文章は、どこが不正解なのか、正しい文章にするにはどうすれば良いかの視点で復習すると良いぞ！！

106

解説

🔥 **01** ◯ →テーマNo.17

🔥 **02** ✕ →テーマNo.17, 18

液体そのものが燃焼するのではなく、液体表面から発生する可燃性蒸気と空気との混合蒸気が燃焼するんだ。燃焼するときの混合割合が、燃焼範囲といわれる数値になるんだ。第4類の試験では、この燃焼範囲の濃度についても出題されているので、後章の学習でも意識しておこう！

🔥 **03** ✕ →テーマNo.18

これは引火点についての説明だ。発火点と間違えないように！

🔥 **04** ◯ →テーマNo.18

🔥 **05** ✕ →テーマNo.19

燃焼の3要素のうち、どれか1つを取り除けば消火できるぞ！

🔥 **06** ✕ →テーマNo.19

可燃物を取り除くのが除去消火だ、酸素を取り除く（遮断）するのは、窒息消火だ。

🔥 **07** ✕ →テーマNo.18

これは間違える受験生が多い問題だ。熱伝導率が小さいと、熱が外部に伝導せずに溜まっていく。これが蓄積することで、やがて自然発火するわけだから、熱伝導率の小さい物質ほど燃えやすいといえるぞ！

🔥 **08** ◯ →テーマNo.18

🔥 **09** ✕ →テーマNo.19

燃焼の3要素のうち、どれか1つを取り除けば消火できるぞ！

🔥 **10** ✕ →テーマNo.17

炭素が不完全燃焼すると、窒素ではなく、一酸化炭素が発生してしまう。なお、一酸化炭素はまだ燃焼できるので、可燃物ともいえる。

🔥 **11** ◯ →テーマNo.19

🔥 **12** ✕ →テーマNo.19

自己反応性物質（第5類危険物）は、物質内部に酸素を含んでいるため、窒息消火で外部の酸素を遮断しても、効果がないんだ。

🔥 **13** ✕ →テーマNo.17

燃焼の3要素は、可燃物、酸素供給源、熱源だ。

まず、ガソリンの混合蒸気が燃えるのは、空気との混合割合が1.4〜7.6vol%のときであることは問題文の通りだ。そこで、求める空気量をA ℓ（リットル）として、計算するぞ。ガソリンの蒸気量500mℓ は0.5ℓ となる点に気を付けよう。

まずは下限値（1.4）から。ガソリンの蒸気量0.5ℓ に対して、混合気体の容量は、（0.5+A）となる。この百分率を解けばいいというわけだ。

$$\frac{0.5}{0.5+A} \times 100 = 1.4$$

分母にある0.5+Aを左右両辺に掛けて、分数状態を直すと、

$0.5 \times 100 = 1.4(0.5+A)$

$50 = 0.7 + 1.4A$

$1.4A = 49.3$

$A = \dfrac{49.3}{1.4} \fallingdotseq 35.2ℓ$　となる。

空気量が約35.2ℓ を超えると、混合蒸気は燃えないと分かる。

同様に、今度は上限値で計算します。

$$\frac{0.5}{0.5+A} \times 100 = 7.6$$　分母にある0.5＋Aを左右両辺に掛けて、

分数状態を直すと、

$0.5 \times 100 = 7.6(0.5＋A)$

$50 = 3.8 + 7.6A$

$7.6A = 46.2$

$A = \dfrac{46.2}{7.6} \fallingdotseq 6.079ℓ$　となる。

空気量が約6.08ℓ を下回ると、混合蒸気は燃えないと分かる。

以上から、500mℓ のガソリンと混合する空気量が、6.079〜35.2ℓ の範囲内にあるとき、混合蒸気は燃えることが分かる。この範囲内にない場合、その混合蒸気は燃えないんだ。

与えられた5つの選択肢を見ると、④の2.05ℓのみ、この範囲内にないことが分かるから、正解は④となるんだ。

燃焼範囲の下限値のときに空気量が最大で上限値のときに空気量が最小と、逆になるのがややっこしいという受験生は結構いるんだ。
でも考えてほしい！空気とガソリンの混合蒸気が燃えるわけだが、そもそも燃焼の根源はガソリンの蒸気だ。燃焼範囲の下限とは、ガソリンの蒸気が少なくて空気濃度が高い場合（だから空気量が多い）にあたり、燃焼範囲の上限はガソリン濃度が濃い（空気量が少ない）場合となるんだ。

燃焼範囲の計算は、試験によく出るようね。何度も解いて慣れておかなくっちゃ。

第4章

燃焼・消火に関する基礎理論を学ぼう

第5章

危険物の性質に関する基礎理論を学ぼう

本章では、危険物（第1類～第6類）の性質に関する基礎を学習するぞ。受験するのは第4類だが、他の類についての一般的性質は毎年2～3問出題されているぞ。テキスト内の表を見て、ざっくりとした性質と主な物質名を把握しておけば十分だ。「固体、固体または液体、液体」といった状態の差異は要注意だぞ！

アクセスキー　**F** （大文字のエフ）

6つの危険物

このテーマでは、危険物の分類について学ぶぞ！　第1類〜第6類までの6種類に分類され、同類の危険物の性質は共通しているんだ！　大まかなくくりと、これから見ていく細かな定義（固体、固体または液体、液体）の違いに気を付けて見ていくぞ！！

Step1 図解 目に焼き付けろ！

危険物の分類	性質	状態
第1類	酸化性	固体
第2類	可燃性	固体
第3類	自然発火性、禁水性	固体または液体
第4類	引火性	液体
第5類	自己反応性	固体または液体
第6類	酸化性	液体

乙種第4類危険物の試験には直接関係ないが、他類の危険物の主な特性と火災予防法や消火方法は出題される可能性があるぞ！　法令分野では、同時貯蔵の可否なども問われているから、大まかなくくりは押さえておく必要があるんだ！

Step2 解説 爆裂に読み込め！

➡ 類ごとの危険物の性質を見ていくぞ！

君が取得を目指すのは乙種第4類危険物だから、それだけ勉強すればOK！……といいたいところだが、そうはいかないのが試験というものだ。本試験では、他の類についての一般的な性質及び関係性などは問われているから、次の表でざっくりと理解することが必須だ！

表20-1：乙種各類で扱える危険物

<table>
<tr><th>危険物の分類</th><th colspan="2">取扱に必要な免状</th><th>性質</th><th>状態</th><th>主な物品</th></tr>
<tr><td>第1類</td><td>乙種1類</td><td rowspan="6">甲種</td><td>酸化性</td><td>固体</td><td>塩素酸塩類、過塩素酸塩類、無機過酸化物、亜塩素酸塩類など</td></tr>
<tr><td>第2類</td><td>乙種2類</td><td>可燃性</td><td>固体</td><td>硫化りん、赤りん、硫黄、鉄粉、金属粉、マグネシウムなど</td></tr>
<tr><td>第3類</td><td>乙種3類</td><td>自然発火性、禁水性</td><td>固体または液体</td><td>カリウム、ナトリウム、アルキルアルミニウム、黄りんなど</td></tr>
<tr><td>第4類</td><td>乙種4類</td><td>引火性</td><td>液体</td><td>ガソリン、アルコール類、灯油、軽油、重油、動植物油類など</td></tr>
<tr><td>第5類</td><td>乙種5類</td><td>自己反応性</td><td>固体または液体</td><td>有機過酸化物、硝酸エステル類、ニトロ化合物など</td></tr>
<tr><td>第6類</td><td>乙種6類</td><td>酸化性</td><td>液体</td><td>過塩素酸、過酸化水素、硝酸など</td></tr>
</table>

細かく思えるかもしれないが、「固体」、「固体または液体」、「液体」は同じではない！　第1、2類は固体のみ、第4、6類は液体のみ、第3・5類は固体と液体の両方が存在しているんだ。厳密な定義の理解を問う問題が出題されているから、要チェックだ！　さらに、もう分かっていると思うが、「気体」の危険物は存在しないぞ！！

◆酸化性とは？（第1、6類）

　熱や衝撃が加わると酸素を放出して、他の物質の燃焼（酸化）を助けてしまう性質のことを酸化性というぞ。自分自身は燃えないが、可燃性の物質に混ざると酸素供給源となって可燃物を激しく燃やし、爆発を起こす危険な物質だ。テーマ11でみた、酸化剤の性質と一緒だ！

図20-1：酸化性

燃えやすい

図20-2：可燃性

◆可燃性とは？（第2類）

　着火しやすく、比較的低温（40℃未満）で引火する性質のことを可燃性というんだ。酸化剤などの酸素供給源と一緒にすると危険な物質といえるんだ。テーマ11でみた、還元剤の性質と一緒だ！

◆自然発火性・禁水性とは？（第3類）

　空気に触れると自然発火するのが自然発火性、水に触れると発火したり可燃性ガスを発生するのが禁水性だ。多くは両方の性質を有しているが、自然発火性のみ有しているものも存在する。

◆引火性とは？（第4類）

　他からの加熱によって、引火・発火しやすい性質のこと引火性というんだ。合格を目指す乙種第4類は引火性の液体だから、このあとさらに細かく学習するぞ！！

ドガーン

パン

ガソリン

図20-3：引火性

O_2

図20-4：自己反応性

◆自己反応性とは？（第5類）

　加熱や衝撃、摩擦などによって分解して酸素を放出し、その酸素で自分自身が酸化して大量の熱を発生し、爆発的に燃焼する性質を自己反応性というんだ。物質内部に酸素を含有しているから、窒息消火（外部からの酸素供給を遮断する消火方法）は効果がないんだ！

第2科目（第4章〜第6章）で出題されるのは計10問で、そのうち他類の特徴は1〜2問だから、合格ラインの6割を目指すことに注力するならば、そこまで細かく見ていく必要はないぞ！　よって、このあとのテーマ21は、時間のある人や極めたい人がしっかりと学習すべき分野といえるぞ。限られた時間の中では、何を勉強するかのメリハリが大切だ！！

第 **5** 章　危険物の性質に関する基礎理論を学ぼう

Step3 暗記　何度も読み返せ！

- □ 第1類危険物は [酸化性] の固体で、自らは [燃えない] が、他の物質の燃焼を促進する性質を有する。
- □ 第3類危険物は [自然発火性] 及び禁水性の [固体または液体] で、多くは [両方の性質] を有している。
- □ 第4類危険物は [引火性液体] である。
- □ 第5類危険物は [自己反応性] の [固体または液体] である。

115

重要度：🔥🔥🔥

危険物ってどんなやつら？

このテーマでは、危険物（第1類〜第6類）について、各類ごとの特徴を見ていくぞ。皆さんが受験する第4類は詳細な中身を見ていく必要があるが、他の類はざっくりと概要を理解しておき、余裕がある人はさらに詳しく見ていくようにしよう！

Step1 図解 目に焼き付けろ！

危険物の分類	性質（状態）	特性
第1類	酸化性 （固体、不燃性）	多くは無色の結晶か白色の粉末で、強酸化剤となり、激しい燃焼を引き起こす
第2類	可燃性（固体）	比較的低温で着火し、燃焼速度が速い。燃焼時に有毒ガスを発生するものもあり、粉末状のモノは粉塵爆発を起こしやすい
第3類	自然発火性、禁水性 （固体または液体）	ほとんどの物質が、自然発火性及び禁水性の両方の危険性を持っている
第4類	引火性（液体）	引火する危険性が大きく、水には溶けにくいものが多い。発火点が低いものもある。発生した蒸気の比重は、すべて1より大きく、危険物の液比重は多くが1より小さい。ただし、一部の物質は1より大きいものも存在する
第5類	自己反応性 （固体または液体）	燃えやすく、燃焼速度が速い。加熱・衝撃・摩擦等により発火し、爆発するものが多い
第6類	酸化性 （液体、不燃性）	水と激しく反応し、発熱するものもある。酸化力が強く、可燃物の燃焼を促進する

「第○類の危険物は△△で、性質の概要は□□だ！」という内容を、すべての類について、最低限覚えておいてほしいぞ！　時間に余裕のある人は、さらに、火災予防法や消火法、水や空気との反応性、貯蔵法も確認しておけば完璧だ！！

Step2 解説 爆裂に読み込め！

→ どこまで学習するべきか、合格に向けた取捨選択とは？

1日24時間という有限の時間は、誰もが共通に持っているものだ。社会人として仕事をしている人もいるだろうし、学生や専業主婦の人もいるだろう。自分の生活があって、勉強に割ける時間も限られているわけだから、効率よく合格するために必要なことがある。それは、

「満遍なく勉強しないこと！」だ！

合格ラインは、各科目60％以上という点からして、頻出分野や箇所に注力して勉強することが最短経路になるわけだ！

> 10点満点の第2科目のうち、第4類を含めた他の類の性質概要は1〜2問の出題でしたよね！

そうだ。だからこそ、この分野はサラッと概要の把握に注力して、第4類の細かい内容に注力してもいいというわけだ！

ただ、ここで1点注意する！　サラッと見てもいいとはいえ、全く勉強しないのはナンセンス。必ず一通りは目を通してほしい。その上で、自分に与えられた受験までの時間を考えて、どの程度学習するかを考えてほしいんだ！

余裕のある人は、以下細かい内容（火災予防法、消火方法など）も見てほしい！　そうすれば、ほぼ完璧というわけだ。時間的に制約がある人も、最低限の内容として主な品名・物品名、特性だけは見ておくようにするんだ！！

◆第1類：酸素を与えるが、自らは燃えない！

物質内部に酸素原子が含まれていて、他の物質に酸素を供給する酸化剤の役割をする。自らは燃えないから、不燃性の酸化性固体ともいえるな。第2類の可燃物と混合すると、熱・衝撃・摩擦などによって激しい燃焼を引き起こすから、同時保管はNGだ。

壁を越えると、本当に気持ちがいいぞ

主な品名・物品名	塩素酸カリウム、塩素酸ナトリウム、過塩素酸カリウム、過塩素酸ナトリウムなど
特性	多くは無色の結晶か白色の粉末で、一般に不燃性の酸化性固体で、強酸化剤となり、激しい燃焼を引き起こす
火災予防法	衝撃・摩擦を与えない。火気・加熱及び酸化されやすい物質との接触を避ける
消火方法	一般には大量の水による冷却消火で分解温度以下に下げる方法が有効。ただし、アルカリ金属の過酸化物は水と反応するため、乾燥砂、粉末消火剤等を用いた窒息消火が有効

◆第2類：酸素を奪って燃える！

　他の物質から酸素を受け取る還元剤で、燃えやすい可燃性の固体が第2類だ。比較的低温で引火しやすい物質が含まれているから、第1、6類との混載は厳禁だ！

表21-2：第2類危険物の特徴

主な品名・物品名	硫黄、亜鉛粉、赤りん、三硫化りん、五硫化りん　など
特性	比較的低温で着火し、燃焼速度が速い。燃焼時に有毒ガスを発生するものもあり、粉末状のモノは粉塵爆発を起こしやすい
火災予防法	酸化剤（第1、6類）との接触、混合及び炎、火花等の接近・加熱を避ける。物質によっては、水や酸との接触を避ける必要がある。静電気の蓄積にも注意する
消火方法	水と接触して発火したり有毒ガスを発生させる物質には、乾燥砂などで窒息消火が有効

◆第3類：空気・水との接触NG！

　空気にさらされることにより自然発火する危険性を有するもの（自然発火性）または、水と接触して発火、もしくは可燃性ガスを発生させるもの（禁水性）が第3類だ。多くの物質は、この両方の性質を有しているが、黄りんは自然発火性のみ有しているんだ。

表21-3：第3類危険物の特徴

主な品名・物品名	カリウム、ナトリウム、黄りんなど
特性	ほとんどの物質が、自然発火性及び禁水性の両方の危険性を持っている
火災予防法	自然発火性物質は、炎・火花等の接触、禁水性物質は水との接触を避ける
消火方法	水や泡などの水系消火剤はNGのため、一般には、炭酸水素塩類の粉末消火剤が有効

◆第4類：我らのメイン、引火しやすい液体！

　第4類危険物は、引火性液体だ。君が取得を目指す危険物資格だな。個別の性質や特徴は、次章以降で詳しく学習するから、ここではざっくりと概要を押さえておくんだ！

表21-4：第4類危険物の特徴

主な品名・物品名	特殊引火物、アルコール類、石油類、動植物油類
特性	引火する危険性が大きく、水には溶けにくいものが多い。発火点が低いものもある。発生した蒸気の比重は、すべて1より大きく、危険物の液比重は多くが1より小さい。ただし、一部の物質は1より大きいものも存在する
火災予防法	炎、火花、高温体との接触・加熱を避けると共に、みだりに蒸気を発生させない。静電気除去に留意する
消火方法	基本的には空気遮断による窒息消火が有効

◆第5類：メラメラと勝手に反応！

　物質自体が可燃物でありながら、物質内部に酸素原子を含んでおり、可燃物と酸素供給源を一緒にしているため、勝手に反応がどんどん進行するのが第5類だ。

表21-5：第5類危険物の特徴

主な品名・物品名	硝酸メチル、硝酸エチル、ニトログリセリン、セルロイド類、TNTなど
特性	燃えやすく、燃焼速度が速い。加熱・衝撃・摩擦等により発火し、爆発するものが多い
火災予防法	火気または加熱を避けると共に、衝撃・摩擦等を避ける
消火方法	大量の水で冷却消火、または泡消火剤が有効だが、爆発的に反応し燃焼速度も速いため、消火は極めて困難

◆第6類：第1類の液体版！

　第6類危険物は、不燃性の酸化性液体だ。物質そのものは燃焼しないが、混在する他の可燃物の燃焼を促進する性質を有しているんだ。

> 第1類が酸化性固体だから、その液体版のようなものだ（もちろん物質は違うが……）。

表21-6：第6類危険物の特徴

主な品名・物品名	過酸化水素、硝酸、過塩素酸など
特性	水と激しく反応し、発熱するものもある。不燃性だが、酸化力が強く、可燃物の燃焼を促進する
火災予防法	火気、日光の直射を避けると共に、可燃物・有機物との接触を避ける。水と反応するものは、水との接触を避ける
消火方法	一般に、水や泡が有効だが、燃焼物に対応した消火法を実施することが大切

Step3
暗記 → # 何度も読み返せ！

- □ 第6類危険物は［不燃性］の［酸化性液体］で、主な物質として、［硝］酸や過酸化水素が該当する。

- □ 第4類危険物は［引火性液体］で、その蒸気の比重はすべて［1より大］である。

- □ 第3類危険物は、自然発火性及び禁水性の［固体または液体］で、多くは両方の性質を有しているが、［黄りん］のみ、自然発火性のみとなっている。

- □ 第1類危険物は、［不燃性］の［酸化性固体］で、他の物質に［酸素］を供給する酸化剤の役目を果たしており、［可燃物］との接触は厳禁である。

- □ 第5類危険物は、［自己反応性物質］の固体または液体で、物質内部に［酸素原子］を含んでいるため、［窒息］消火は効果がない。

- □ 第2類危険物は［可燃性固体］で、火災により着火しやすい物質が該当し、主なものとして、硫黄や亜鉛粉などがある。

第4類危険物の性格を知ろう

第4類危険物は、引火点の違いから7つに分類される。それぞれに共通する特性、火災予防法、消火方法から、一部の物質にのみ適用される例外的な性質まで幅広く出題されるが、まずは原則を見ていくぞ！！

Step1 図解 目に焼き付けろ！

分類		代表的な品名	指定数量	危険等級	大
特殊引火物	非水溶性	二硫化炭素、ジエチルエーテル	50ℓ	I	
	水溶性	アセトアルデヒド、酸化プロピレン			
第1石油類	非水溶性	ガソリン、ベンゼン、トルエン	200ℓ	II	危険度
	水溶性	アセトン	400ℓ		
アルコール類		メチルアルコール、エチルアルコール	400ℓ		
第2石油類	非水溶性	灯油、軽油、キシレン	1,000ℓ	III	
	水溶性	氷酢酸（酢酸）	2,000ℓ		
第3石油類	非水溶性	重油、クレオソート油	2,000ℓ		
	水溶性	グリセリン、エチレングリコール	4,000ℓ		
第4石油類		ギヤー油、シリンダー油	6,000ℓ		
動植物油類		ヤシ油、アマニ油、キリ油、菜種油	10,000ℓ		小

第4類危険物は、引火点の低い（危険度が高い）物質から順に、特殊引火物、第1石油類、アルコール類、第2石油類、第3石油類、第4石油類、動植物油類の7品目に分類されるんだ。さらに、特殊引火物と第1、2、3石油類は、非水溶性と水溶性に分けられるぞ！

Step2 解説 爆裂に読み込め！

→ 引火点の違いに見る第4類危険物の分類

第4類危険物はすべて引火性の液体で、法令上は7品目に分類されるぞ。危険性の高い順に危険等級Ⅰ〜Ⅲまでの3区分に分けることもできるが、大事なのは7品目に分類される指定数量の方だ。

特殊引火物	第1〜4石油類	アルコール類	動植物油類

図22-1：第4類危険物の7分類

→ 危険等級と指定数量

消防法では、危険物の危険性に応じて貯蔵・取扱を制限するため、危険等級と指定数量という2つの基準がある。ここでは概要を理解しよう。

◆危険等級

危険物は、その危険性の高い順にⅠからⅢまでの3種類の危険等級に区分されていて、等級ごとに貯蔵容器の種類や最大貯蔵量が定められているんだ。

 危険等級は内容うんぬんよりも、3種類の等級に区分されることを覚えればOKだ！

第5章 危険物の性質に関する基礎理論を学ぼう

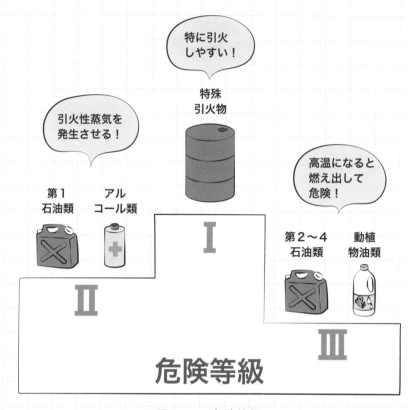

図22-2：危険等級

◆指定数量

　危ないものを誰かに扱わせるときに、「どのくらいまでなら扱っていい」と決めたくないか？　それと同じで、危険物も品名ごとに、扱っていい数量（単位：kgまたはℓ）が指定されていて、これを指定数量という。原則として、指定数量以上の危険物を、貯蔵、取扱ができないんだ（定められた施設でしか貯蔵、取扱ができない）。

　つまり、指定数量が少ない危険物ほど危険性が高いといえる。また、指定数量以上か未満かでも、規制内容が変わってくるぞ。

　指定数量は数値そのものが問われることもあるし、計算問題も出るから、危険物ごとの指定数量の値は絶対に暗記してくれよな！

◆**指定数量を覚えるポイント**

　第4類危険物の指定数量は細かく規定されていて、分かりづらいよな。そこで、効率よく危険物の指定数量を覚えるウルトラ法を伝授するぞ！！

①特殊引火物の50ℓ、第1石油類（非水溶性）の200ℓ、第2石油類（非水溶性）の1,000ℓだけはそのまま覚える
②非水溶性の2倍が、水溶性の指定数量
③「第2石油類以降の水溶性」と「次のアルコール類または石油類の非水溶性」の数量は同じ
④第4石油類と動植物油類は、上2つを足した数量

品名	溶解	指定数量
特殊引火物		50ℓ
第1石油類	非水溶性	200ℓ
	水溶性	400ℓ
アルコール類		400ℓ
第2石油類	非水溶性	1,000ℓ
	水溶性	2,000ℓ
第3石油類	非水溶性	2,000ℓ
	水溶性	4,000ℓ
第4石油類		6,000ℓ
動植物油類		10,000ℓ

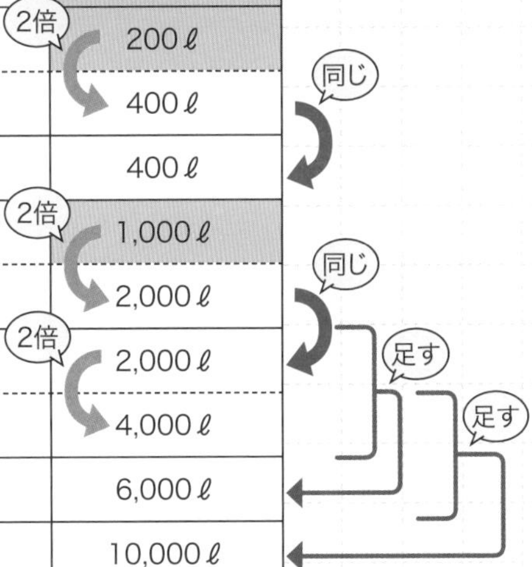

▲図22-3：指定数量の覚え方

⮕ 一般的な特性

　第4類危険物の多くの品目には、次図のような特性があるんだ。もちろん例外はあるが、まずはこれらの特性が大きな原則だと思ってもらっていいぞ。

図22-4：多くの品目で共通する特性

共通する火災予防法

　第4類危険物の共通特性に対応して、共通の火災予防が次図に紹介するものだ。特に気を付けるべきは、静電気対策。第4類危険物は電気の不良導体（電気を通しにくいもの）であることから、静電気を蓄積しやすい。そのため、たまった静電気の火花放電による火災事故が多く発生しているんだ。

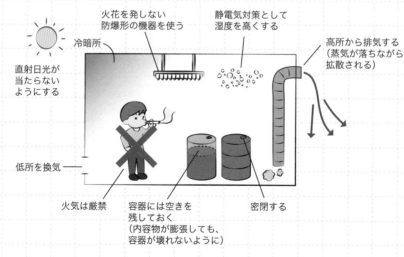

図22-5：第4類危険物の火災予防法

→ 共通する消火方法

第4類危険物の共通特性に対応して、消火方法も共通しているんだ。

・窒息消火する

→可燃物の除去や冷却が困難なため、空気を遮断して（窒息させ）消火する

・霧状の強化液、泡、ガス（ハロゲン化物、二酸化炭素）、粉末（リン酸塩類、炭酸水素塩類）などの消火薬剤を使用する

→油に水をかけてしまうと、油が水に浮いて広がり、火災拡大につながるため、水は使わない

・水溶性危険物（アルコール類やアセトン等）は、水溶性液体用泡消火薬剤（耐アルコール泡）を使用する

→水溶性（水に溶ける性質）のため、普通泡では危険物が水に溶けてしまい、空気を遮断できない

第**5**章 危険物の性質に関する基礎理論を学ぼう

Step3
暗記 → 何度も読み返せ！

- [ ] 第4類危険物は、[引火点]の違いから [7] 品目に分類される。
- [ ] 第4類危険物の多くは、[液比重] 1以下で、水に [溶けない]。
- [ ] 標準の空気の蒸気比重は1で、第4類の蒸気比重は [すべて1以上] で空気より [重い]。

第4類危険物の個性的なやつら

前テーマでは一般的性質について見てきたが、このテーマでは試験で狙われる『原則ある所に例外あり』のポイントを見ていくぞ！　これを知っていれば得点アップ、間違いなし！！

Step1 図解 目に焼き付けろ！

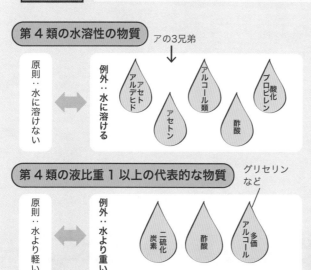

第4類の水溶性の物質

ア の 3 兄弟

原則：水に溶けない ⟷ 例外：水に溶ける

アセトアルデヒド　アセトン　アルコール類　酸化プロピレン　酢酸

第4類の液比重1以上の代表的な物質

グリセリンなど

原則：水より軽い ⟷ 例外：水より重い

二硫化炭素　酢酸　多価アルコール

特徴ある物質

引火点が最も低い
-45℃
ジエチルエーテル

発火点が最も低い
90℃
二硫化炭素

燃焼範囲が最も広い
4～60%
アセトアルデヒド

こういった①例外や、②問題にしやすい特徴ある物質が試験でよく出題されているんだ。これを理解すれば、ライバルに差がつけられるぞ！！

Step2 解説 爆裂に読み込め！

→ 試験対策は、出題者の意図を考えること!?

出題者は、試験の題材に曖昧なものは選ばない！ つまり、問題は簡潔明瞭で分かりやすい題材が用いられているんだ。

例えば、『日本で一番高い山は？』と聞かれれば、『富士山』と誰もが答えられるはずだ。ところが、「日本で12番目に高い山は？」と聞かれて、即答できる人はいるだろうか？ ほぼゼロ人、いないはずだ。

> なるほど、分かりやすい題材が問題にしやすいっていう出題者の考えなんですね。分かりやすい題材にはどんなものがあるんですか？

> 大きく分けて2つ。①「原則ある所に例外あり！」、②「問題にしやすい特徴ある物質」が試験でよく出題されているんだ。

◆原則ある所に例外あり

原則とは、知っていて当然だろうという内容のことだ。例外は、原則を知っているから「例外」となるのだから、むしろこちらを問題にしてくるというわけだ。具体的には次の2つがあるぞ。

【事例①】第4類危険物の多くは非水溶性（水に溶けない）だが、以下の物質は
水に溶ける（水溶性）

人生は、一生挑戦の繰り返しだ！

表23-1：水に溶ける第4類危険物

特殊引火物	アセトアルデヒド、酸化プロピレン
第1石油類	アセトン、ピリジン
アルコール類	すべて
第2石油類	酢酸、プロピオン酸、アクリル酸
第3石油類	エチレングリコール、グリセリン

【事例②】液比重1以下（水より軽く、浮く）物質が多いが、以下の物質は液比
重1以上（水より重く、沈む）

表23-2：液比重が1以上の第4類危険物

特殊引火物	二硫化炭素（1.26）
第2石油類（水溶性）	酢酸（1.05）、プロピオン酸（1.0）、アクリル酸（1.06）
第3石油類（非水溶性）	重油以外のすべて（重油という名前に騙されるな！）
第3石油類（水溶性）	エチレングリコール（1.1）、グリセリン（1.26）

◆問題にしやすい特徴ある物質

　解説冒頭で記載したが、「一番（最も）〇〇」は、出題者として問題にしやす
いんだ。テレビのクイズ番組でも、「〇〇の生産量日本一は？」なんて出題され
ているのを見たことないか？　頻出の特徴を表にまとめたので、見てくれ！

表23-3：問われやすい特徴と物質

引火点が最も低い物質	ジエチルエーテルの-45℃
発火点が最も低い物質	二硫化炭素の90℃
燃焼範囲が最も広い物質	アセトアルデヒドの4〜60vol%

表23-4：問われやすい特徴

灯油と軽油	発火点が同じ（220℃）で、引火点も近い（灯油40℃、軽油45℃）が、沸点には差がある
ガソリン	灯油、軽油よりも、引火点は低い（-40℃）が、発火点は高い（300℃）
ピリジン	無色で腐敗臭の液体（どんな臭いだ！？）

Step3 暗記 何度も読み返せ！

- □ 第4類危険物の多くは水に溶けないが、特殊引火物のうち、[アセトアルデヒド]と酸化プロピレンは、水に溶ける。
- □ 第4類危険物の多くは液比重1以下だが、特殊引火物の[二硫化炭素]や、第3石油類の[重油]以外の物質は、液比重1以上で水に沈む。
- □ 第4類危険物の中で最も発火点が低いのは、[二硫化炭素]である。
- □ 第4類危険物の中で最も[引火点]が低いのは、-45℃の[ジエチルエーテル]である。
- □ 第4類危険物の中で最も燃焼範囲が広いのは[アセトアルデヒド]で、その範囲は[4]～[60]vol%である。

燃えろ! 演習問題

本章で学んだことを復習するんだ！ 分からない問題は、テキストに戻って確認するんだ！分からないままで終わらせるなよ！！

問題 Lv.1

🔥 **01** 1気圧において、常温（20℃）で引火するものは、必ず危険物である。

🔥 **02** すべての危険物には、引火点がある。

🔥 **03** 危険物は、必ず燃焼する。

🔥 **04** すべての危険物は、分子内に炭素、酸素または水素のいずれかを含有している。

🔥 **05** 危険物は、1気圧において、常温（20℃）で液体または固体である。

🔥 **06** 第1類の危険物は、可燃性の固体である。

🔥 **07** 第2類の危険物は、可燃性の液体である。

🔥 **08** 第3類の危険物は、自然発火・禁水性の固体または液体である。

🔥 **09** 第5類の危険物は、自己反応性の固体である。

🔥 **10** 第6類の危険物は、引火性の液体である。

🔥 **11** 燃焼している可燃物を消火するためには、燃焼の3要素のうち2要素を取り除けばよい。

🔥 **12** 第4類危険物の多くは水に溶けないが、アセトアルデヒド、アセトン、ギヤー油などは、水溶性（水に溶ける）である。

🔥 **13** 水は、比熱が大きく気化熱も大きいので冷却効果が大きい。

🔥 **14** 内部（自己反応性）物質の火災の消火方法は、窒息消火が効果的である。

🔥 **15** 第4類危険物の液比重はすべて1以下であり、水よりも軽く、水に浮く。

🔥 **16** 第1類の危険物の注意事項は、火気注意である。

🔥 **17** 第2類の危険物の注意事項は、火気注意・自然発火注意である。

🔥 **18** 第3類の危険物の注意事項は、火気厳禁・禁水である。

🔥 **19** 第4類の危険物の注意事項は、可燃物接触注意である。

🔥 **20** 第5類の危険物の注意事項は、衝撃・火気注意である。

正しい文章は、そのまま正しいものとして覚えるんだ！ 誤りの文章は、どこが不正解なのか、正しい文章にするにはどうすれば良いかの視点で復習すると良いぞ！！

解説 Lv.1

🔥 **01** ✕ →テーマNo.20, 21

そうとは限らないぞ。問題を解くポイントとして、『必ず』とか、『常に』と
いったフレーズが出てきたときは、概ね誤っていると判断してもいいぞ。

 『必ず』とか『常に』というのは、100%というわけだ
から言いすぎている可能性が高いんだ。原則ある所に
例外ありと触れているから分かるよな！

🔥 **02** ✕ →テーマNo.20, 21

第1、6類（不燃物）に引火点はない。

🔥 **03** ✕ →テーマNo.20, 21

第1、6類（不燃物）は燃焼しない。

🔥 **04** ✕ →テーマNo.20, 21

第3類危険物のナトリウム（Na）や黄りん（P）は、記載の炭素、酸素また
は水素を含有していないぞ。

🔥 **05** ◯ →テーマNo.20, 21

記載の通りだ。気体の危険物は存在しないから、覚えておくんだ！！

🔥 **06** ✕ →テーマNo.20, 21

第1類危険物は、不燃性の酸化性固体だ！

🔥 **07** ✕ →テーマNo.20, 21

第2類危険物は、可燃性の固体だ！

🔥 **08** ◯ →テーマNo.20, 21

🔥 **09** ✕ →テーマNo.20, 21

第5類危険物は、自己反応性の固体または液体だ！

🔥 **10** ✕ →テーマNo.20, 21

第6類危険物は、不燃性の酸化性液体だ！引火性液体は、第4類危険物だ
ぞ！

🔥 **11** ✕ →テーマNo.19, 22

燃焼の3要素のうち、1つを取り除けば消火できるぞ！

🔥 **12** ✕ →テーマNo.23

ギヤー油は第4石油類だが、第4石油類と動植物油類はどれも非水溶性（水に溶けない）である。

🔥 **13** ◯ →テーマNo.19, 22

記載の通りだ。水は安価で万能だが、非水溶性の第4類危険物の消火には不適だから、併せて覚えておくんだ！！

🔥 **14** ✕ →テーマNo.22

自己反応性物質は物質内部に酸素を含有しているので、窒息消火は効果がないぞ！

🔥 **15** ✕ →テーマNo.23

確かに、第4類危険物の多くは液比重が1以下であるが、すべてではない。液比重が1以上の代表的な物質には、二硫化炭素、酢酸などがある。

16～20について、本章の解説中では直接触れていないが、各類の危険物の特徴や取扱の注意事項を理解していれば、解けるはずだ。第8章で改めて学ぶぞ。

🔥 **16** ✕ →テーマNo.21

第1類危険物は酸化剤なので、可燃物接触注意が正解だ。

🔥 **17** ✕ →テーマNo.21

第2類危険物は可燃性固体なので、火気注意・火気厳禁が正解だ。

🔥 **18** ◯ →テーマNo.21

記載の通りだ。

🔥 **19** ✕ →テーマNo.21

第4類危険物（引火性液体）は、火気厳禁が正解だ。

🔥 **20** ✕ →テーマNo.21

第5類危険物（自己反応性物質）は、衝撃・火気厳禁が正解だ。

問題 Lv.2

🔥 **21** 第4類危険物の蒸気は、すべて空気より重い。

🔥 **22** 第4類危険物で水に溶けるものは、電気の不良導体で静電気を発生しやすく蓄積しやすい。

🔥 **23** 第4類危険物を貯蔵する場合、蒸気の発生を防止するため、空間を残さないよう容器に詰めて密栓する。

⛭**24** 第4類危険物を貯蔵する場所では、高所に残った蒸気を高所から外へ排出する。

⛭**25** 第4類危険物は、アルコール・有機溶剤・水に溶ける。

⛭**26** 消防法上の危険物は、その危険性状によって、第1類から第6類に分けられる。

⛭**27** 第2類危険物は、還元性を有する可燃性物質の固体である。

⛭**28** 黄りんとナトリウムは、共に水中貯蔵にて保存する。

⛭**29** 第6類危険物は酸化力が強く腐食性があり、その蒸気も有毒だから、取扱に際しては保護具を使用する。

⛭**30** 危険物火災の消火では、一般的に安価で身近な水による冷却消火が用いられているが、水と反応して爆発したりする物質においては、水以外の消火法を該当する物質の特性に合わせて使用する必要がある。

解説 Lv.2

⛭**21** ○ →テーマNo.22

⛭**22** ✕ →テーマNo.22
静電気を発生・蓄積しやすいのは電気の不良導体で、これらは水に溶けないものだ。

⛭**23** ✕ →テーマNo.22
第4類危険物は、加熱により液体が体膨張するので、空間を残して容器に詰めるようにしなければならないぞ。なお、引火性蒸気の外部流出を防ぐため、密栓するのは正しい記述だ。

⛭**24** ✕ →テーマNo.22
第4類危険物の蒸気は1より大きいので、低所滞留するから、これを高所から外へ排出するんだ。

⛭**25** ✕ →テーマNo.22
第4類危険物は水に溶けないものが多いが、一部水溶性危険物も存在するぞ。

⛭**26** ○ →テーマNo.20

⛭**27** ○ →テーマNo.20, 21
可燃性物質とは、燃焼の3要素でいう所の可燃物となるわけだから、酸素がないわけだ。その酸素供給源（酸化剤）から酸素を奪うわけだから、還元剤ともいえるんだ。言い方を変えたイヤらしいタイプの問題で、こういう出題

もあるから気を付けるんだ！！

🔥 **28** ✕ →テーマNo.20, 21

黄りんは水中貯蔵（自然発火性）だが、ナトリウムは、水と反応して水素ガスを発生するから、灯油中に貯蔵するぞ。

🔥 **29** ◯ →テーマNo.21

記述の通りだ。「発生する蒸気は有毒→そのままだと危険→何かしらの措置が必要→保護具」

↑このように頭の中で連想してほしいぞ。テキストには「発生する蒸気は有毒」と記載したが、紙面の都合で細かい内容までテキストには記載してない。ただ、冒頭の内容が理解できていれば、頭の中で上記のように組み立てることで、解答を導けるはずだ！！

🔥 **30** ◯ →テーマNo.22

記述の通りだ。危険物火災は、物質の特性に合わせた消火法を採用する必要があるぞ。試験では頻出箇所だから、個別の危険物ごとにチェックしておくんだ！

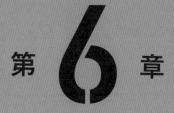

第 **6** 章

第4類危険物の性質を学ぼう

本章では、第4類危険物の性質について学習するぞ。引火点の違いから7種類に分類されるが、出題傾向は特徴的な物質ほど多く、第4石油類と動植物油類のように目立った特徴のない物質の出題は少ないのが特徴だ。メタノールとエタノール、ベンゼンとトルエンで、引火点が後者の方が高いのはなぜか？ 暗記ではなく、理解を意識しよう！

No. 24 /55 特殊引火物

このテーマでは、第4類危険物の中で最も危険な特殊引火物について学習する。
全部で4種類しかないが、個別物質の特性のほか、特殊引火物の定義（2種類）
についてもよく出題されているぞ！

Step1 図解 目に焼き付けろ！

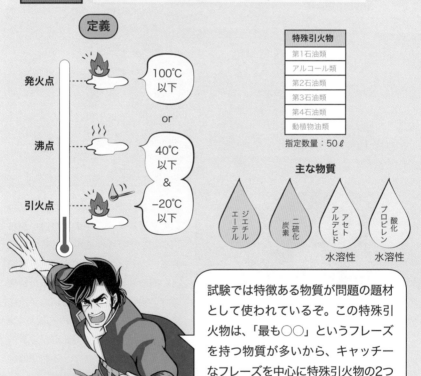

（定義）

特殊引火物
第1石油類
アルコール類
第2石油類
第3石油類
第4石油類
動植物油類

指定数量：50ℓ

発火点 … 100℃ 以下

or

沸点 … 40℃ 以下 ＆ 引火点 … −20℃ 以下

主な物質

ジエチルエーテル / 二硫化炭素 / アセトアルデヒド 水溶性 / 酸化プロピレン 水溶性

試験では特徴ある物質が問題の題材として使われているぞ。この特殊引火物は、「最も○○」というフレーズを持つ物質が多いから、キャッチーなフレーズを中心に特殊引火物の2つの定義も要チェックだ！

Step2 解説 爆裂に読み込め！

→ 特殊引火物の定義

特殊引火物とは、「1気圧で発火点が100℃以下、または、引火点が-20℃以下で沸点が40℃以下のもの」をいうんだ。定義をサラッと書いたが、これは丁寧にみてほしい。

①発火点が100℃以下　または　②引火点が-20℃以下で沸点が40℃以下

> 注意すべきは②の定義。「引火点-20℃以下」と「沸点40℃以下」は同時に満たしていないとダメなんだ！　ここのひっかけ問題が、結構出ているぞ！！

特殊引火物に該当する物質は、ジエチルエーテル、二硫化炭素、アセトアルデヒド、酸化プロピレンの4種類。第4類危険物の中で、発火点や引火点が低く、燃焼範囲が広いため、引火や爆発の危険性が非常に高く、最も危険な物質といえるんだ。

指定数量も、第4類危険物の中では一番少なく、50ℓ となっているぞ。

→ 共通の性状と火災予防、消火方法

4つの特殊引火物には、次のような共通した性状があるぞ。

・燃焼範囲が非常に広い
・蒸気は有毒で、麻酔性がある
・蒸気は空気より重いため、低い所にたまる
・無色透明

共通の火災予防、消火方法もあわせて紹介しておこう。

第 6 章　第 4 類危険物の性質を学ぼう

・火気に近づけない

・窒息消火が効果的

 燃焼範囲は、他の第4類危険物より圧倒的に広い（危険度MAX）ぞ！ 例えば、第1石油類のガソリンが1.4〜7.6 vol%であるのに対して、ジエチルエーテルは1.9〜48 vol%もあるんだ。

→ 個別の性状

4つの特殊引火物の性状について紹介しよう。匂い、溶解（溶けるもの）、特徴、保管（保管、貯蔵方法）で整理したぞ。

◆ジエチルエーテル　C_2H_5-O-C_2H_5

①匂い　芳香臭

②溶解　アルコールによく溶ける／水にわずかに溶ける

③特徴　引火点が最も低い／麻酔性／加熱・衝撃で爆発の危険性

④保管　直射日光を避け、冷暗所に貯蔵し、換気する。密閉し、空気との接触を避ける（加熱・衝撃で爆発する過酸化物が発生）

◆二硫化炭素　CS_2

①匂い　不快臭

②溶解　アルコール、ジエチルエーテルに溶ける／水に溶けない

③特徴　発火点が水の沸点（100℃）より低い／加熱・衝撃で爆発の危険性

④保管　水より重く、水に溶けないため、収納した容器を水の中で保存

◆アセトアルデヒド　CH_3-CHO

①匂い　刺激臭

②溶解　アルコール、ジエチルエーテル、水に溶ける

③特徴　沸点が最も低い／蒸気は有毒（粘膜刺激）

④保管　貯蔵タンクや容器は鋼製とする

◆酸化プロピレン　CH₂-(O)-CHCH₃

① 匂い　エーテル臭
② 溶解　アルコール、ジエチルエーテル、水に溶ける
③ 特徴　蒸気は有毒
④ 保管　貯蔵時は不活性ガスを封入／銀、銅に触れると重合が促進するため
　　　　注意

表24-1：特殊引火物の性状一覧

品名	水溶性	比重	引火点	沸点	発火点	燃焼範囲 vol%
ジエチルエーテル	△	0.7	−45℃	35℃	160℃	1.9〜48
二硫化炭素	×	1.3	−30℃以下	46℃	90℃	1〜50
アセトアルデヒド	○	0.8	−39℃	21℃	175℃	4〜60
酸化プロピレン	○	0.8	−37℃	35℃	449℃	2.3〜36

赤字になっている箇所は、「最も○○」という特徴的な内容のところだから、絶対に覚えておくんだ！！

Step3 暗記 何度も読み返せ！

□ 特殊引火物の要件は、①発火点が［100］℃以下、または、②［引火点］が-20℃以下で沸点が［40］℃以下のものである。
□ 特殊引火物の指定数量は［50］ℓで、第4類危険物の中で最も少ない。
□ 特殊引火物の中で最も発火点が低い物質は［二硫化炭素］で、唯一［液比重1以上］の物質でもある。
□ 特殊引火物の中で最も燃焼範囲が広い物質は［アセトアルデヒド］で、さらに［沸点］が最も低い物質でもある。
□ 特殊引火物の中で最も引火点が低い物質は［ジエチルエーテル］で、貯蔵に際しては、［直射日光］を避けて冷暗所に貯蔵することとされている。

第6章　第4類危険物の性質を学ぼう

第1石油類は、非水溶性のガソリンと水溶性のアセトンを中心にみていこう。指定数量の違いについても要チェックだ！　色や臭い、毒性、水への可溶性など、特徴的なフレーズが出てきたときは、意識して覚えよう。

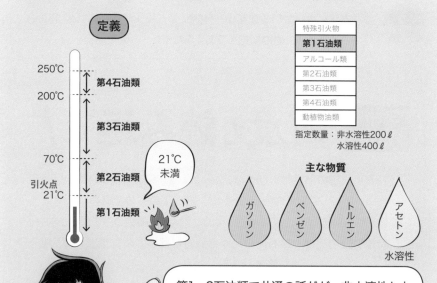

目 に焼き付けろ！

定義

特殊引火物
第1石油類
アルコール類
第2石油類
第3石油類
第4石油類
動植物油類

指定数量：非水溶性200ℓ
　　　　　水溶性400ℓ

250℃ ─── 第4石油類
200℃ ───
　　　　　 第3石油類
70℃ ───
引火点　　 第2石油類
21℃ ───
　　　　　 第1石油類

21℃
未満

主な物質

ガソリン　ベンゼン　トルエン　アセトン
　　　　　　　　　　　　　　　　水溶性

第1〜3石油類で共通の話だが、非水溶性と水溶性の指定数量の関係は、水溶性は非水溶性の2倍となっているんだ！　それぞれの数値を暗記してもいいが、無理なく覚えるコツは、①非水溶性の2倍が水溶性の指定数量で、かつ、②アルコール類と第1石油類の水溶性は同じ指定数量という関係性を覚えておくことだ！

Step2 解説 爆裂に読み込め！

→ 第1石油類の定義

第4類危険物に該当する石油類は、第1石油類～第4石油類の4種類に分類されるが、そのうち「1気圧で引火点21℃未満のもの」が、第1石油類だ。指定数量は、非水溶性が200ℓ、水溶性が400ℓ（非水溶性の2倍！）とされている。

→ 共通の性状

第1石油類には、次のような共通した性状があるぞ。

・液比重はすべて1以下（水より軽い →水に浮く）
・蒸気比重は1以上（空気より重い →低所に滞留する）
・非水溶性液体は特に静電気が蓄積しやすい
・発火点は300～500℃、燃焼範囲は1～13vol%である。
・色は基本的に無色透明（自動車用ガソリンはオレンジ色に着色される）

◆共通の火災予防、消火方法

共通する火災予防、消火方法もあわせて紹介しておこう。

・火気に近づけない
・近くで火花を発する機器は使用しない
・静電気の蓄積を防ぐ
・容器は密閉して、冷暗所に貯蔵し、通気、換気をする
・窒息消火が効果的

→ 個別の性状

共通の性状をつかんだら、次は個別の性状をみていこう。
「揮発しやすい」「静電気を発生しやすい」などの特徴があるということは、引火の危険が高くなるということだぞ！

勢いは、不可能を可能にする

右側余白（縦書き）：
第6章　第4類危険物の性質を学ぼう

◆ガソリン（自動車用）

①匂い　石油臭

②溶解　水に溶けない

③特徴　オレンジ色に着色されている／揮発しやすい／電気の不良導体で静電気を発生しやすい

◆ベンゼン　C_6H_6

①匂い　芳香臭

②溶解　水に溶けない／有機物に溶ける

③特徴　揮発しやすい／有毒／亀の甲羅に似た六角形の構造（ベンゼン環）をもつ

◆トルエン　$C_6H_5-CH_3$

①匂い　芳香臭

②溶解　水に溶けない／アルコール、ジエチルエーテルに溶ける

③特徴　有毒（ベンゼンより強い）／麻酔性が強い／ベンゼン環をもつ／ベンゼンの水素原子1つが「$-CH_3$」に置換した構造

◆酢酸エチル　$CH_3-COO-C_2H_5$

①匂い　芳香臭

②溶解　水にわずかに溶ける／アルコール、ジエチルエーテルに溶ける

③特徴　電気の不良導体で静電気を発生しやすい

◆メチルエチルケトン　$CH_3-CO-C_2H_5$

①匂い　特異臭

②溶解　水にわずかに溶ける／有機溶剤に溶ける

③特徴　ケトン基の両端に「$-CH_3$」と「$-C_2H_5$」が結合した構造

◆アセトン　$CH_3-CO-CH_3$

①匂い　芳香臭

②溶解　水、有機溶剤に溶ける

③特徴　揮発しやすい

144

◆ピリジン　C₅H₅N

①匂い　特異臭（腐敗臭）

②溶解　水、アルコール、ジエチルエーテルに溶ける

③特徴　引火しやすい

表25-1：第1石油類の性状一覧

品名	水溶性	比重	引火点	沸点	発火点	燃焼範囲vol%
ガソリン	×	0.65～0.75	−40℃	40～220℃	300℃	1.4～7.6
ベンゼン	×	0.9	−11℃	80℃	498℃	1.2～7.8
トルエン	×	0.9	4℃	111℃	480℃	1.1～7.1
酢酸エチル	△	0.9	−4℃	77℃	426℃	2～11.5
メチルエチルケトン	△	0.8	−9℃	80℃	404℃	1.7～11.4
アセトン	○	0.8	−20℃	57℃	465℃	2.15～13
ピリジン	○	0.98	20℃	115.5℃	482℃	1.8～12.4

Step3 暗記　何度も読み返せ！

□ 第4類危険物のうち、第1石油類は引火点が [21] ℃未満で、その指定数量は [非水溶性] が200ℓ、水溶性が [400] ℓである。

□ ガソリンは無色透明の液体だが、自動車用ガソリンは [オレンジ（橙）] 色に着色されている。

□ 非水溶性の第1石油類は電気の [不良導体] で静電気を [蓄積] するので、静電気対策に留意しなければならない。

□ ベンゼンとトルエンは、亀の甲羅に似た六角形の構造 [ベンゼン環] をもっている。

□ ベンゼンとトルエンでは、トルエンの方が引火点や沸点が高い。これは [分子量が大きい] ことが原因である。

□ 第1石油類の液比重は、水溶性と非水溶性ともに [1以下] であるが、蒸気比重は [1以上] である。

第6章　第4類危険物の性質を学ぼう

このテーマでは、アルコール類について学ぶぞ！ 全部で4種類だが、アルコール類の定義を中心に、メタノールとエタノールの違いを見ていこう！ 名前の由来などは、いよいよ化学チックな感じだ！ 暗記ではない、理解だぞ！！

目に焼き付けろ！

定義

主な物質

メタノール

炭素

 が1〜3個

| 特殊引火物 |
| 第1石油類 |
| **アルコール類** |
| 第2石油類 |
| 第3石油類 |
| 第4石油類 |
| 動植物油類 |

指定数量：400ℓ

飽和1価

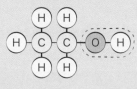 が1セット

（水酸基）

エタノール

メタノールは、炭化水素のメタン（CH_4）の水素原子1つが水酸基（-OH）に置換されているから、「メタン＋オール」→「メタノール」となっているんだ。お酒の主成分のエタノールも同じ。炭化水素のエタン（C_2H_6）の水素原子1つが水酸基に置換されて、「エタン＋オール」→「エタノール」となっているんだ。

Step2 解説 爆裂に読み込め！

→ アルコール類の定義

消防法では、「炭素数が1～3個の飽和1価アルコール（飽和とは、分子間に不安定な二重結合がない状態のことをいう）」を「アルコール類」としていて、全部で4種類ある。指定数量は、水溶性の第1石油類と同じ400ℓだ。

少し難しいことをいうと、炭素と水素のみからなる炭化水素化合物の水素（H）を、水酸基（-OH）に置換した化合物がアルコールなんだ。

→ 共通の性状

アルコール類に該当する物質の性状を見ていくぞ。

◆共通する性状
・水、有機溶剤に溶ける
・無色透明

◆共通の火災予防、消火方法
アルコール類は、どれも引火の危険があるので、次のような点に注意するぞ。
・無水クロム酸と接触すると発火の危険あり
・火気に近づけない
・近くで火花を発する機器は使用しない
・容器は密閉して、冷暗所に貯蔵し、通気、換気をする
・窒息消火が効果的

第6章 第4類危険物の性質を学ぼう

➡ 個別の性状

◆メタノール（メチルアルコール）　CH_3OH
①匂い　特有の芳香臭／刺激臭
②特徴　揮発しやすい／有毒（飲むと失明、死亡することもある）／蒸気も有毒

◆エタノール（エチルアルコール）　C_2H_5OH
①匂い　特有の芳香臭
②特徴　メタノールに準じた特徴（毒性はない）／麻酔性（お酒のベースとなっている）

◆1-プロパノール（n-プロピルアルコール）　$CH_2(OH)-C_2H_5$
①特徴　引火しやすい／水酸基（-OH）が端（1つ目）の炭素に結合した構造

◆2-プロパノール（イソプロピルアルコール）　$CH_3-CH(OH)-CH_3$
①匂い　特有の芳香臭
②特徴　水酸基（-OH）が中央（2つ目）の炭素に結合した構造

1-プロパノールと2-プロパノールは、水酸基（-OH）の結合位置の違いによるもので、それによる若干の差異があるだけでほとんど性質は同じ（だから問題にしづらいってやつ）なんだ。

表26-1：アルコール類の性状一覧

品名	水溶性	比重	引火点	沸点	発火点	燃焼範囲 vol%
メタノール	○	0.8	11℃	64℃	464℃	6〜36
エタノール		0.8	13℃	78℃	363℃	3.3〜19
1-プロパノール		0.8	15℃	97.2℃	412℃	2.1〜13.7
2-プロパノール		0.79	12℃	82℃	399℃	2〜12.7

> そうか、メタノールとエタノールの関係は、第1石油類のトルエンとベンゼンの関係と同じですね！ エタノールの方が分子量が大きい（Cが1つ、Hは2つ多い）から、引火点も沸点も高くなっているんですね。

Step3 暗記 → 何度も読み返せ！

☐ アルコール類の指定数量は［400］ℓ で、これは、［水溶性の第1石油類］と同じである。

☐ メタノールには［毒性］があり、エタノールには［麻酔性］がある。

☐ メタノールとエタノールを比較したとき、沸点と引火点が高いのは［エタノール］の方である。

☐ アルコール類とは、炭素数が［1］〜［3］個の飽和1価アルコールで、全部で［4］つある。

☐ アルコール類の消火には、［窒息消火］が有効である。泡消火器を用いる場合には、泡がつぶれないようにする必要があるので、水溶性液体用泡消火器［耐アルコール泡消火器］を使用すると良い。

第2石油類は例外事項（水溶性は全部液比重1以上、灯油＆軽油の発火点がガソリンより低いなど）が多く盛り込まれているぞ！　原則と例外を意識して学ぶんだ！ 非水溶性は灯油と軽油、水溶性は酢酸を中心に見ていこう！

Step1 図解 目に焼き付けろ！

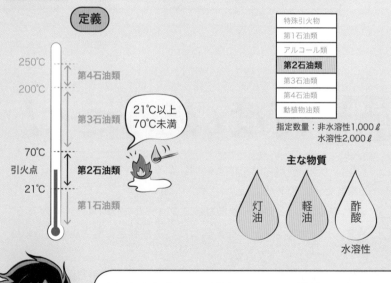

定義

250℃ — 第4石油類

200℃

第3石油類

70℃ 引火点

第2石油類

21℃以上
70℃未満

21℃

第1石油類

特殊引火物
第1石油類
アルコール類
第2石油類
第3石油類
第4石油類
動植物油類

指定数量：非水溶性1,000ℓ
　　　　　水溶性2,000ℓ

主な物質

灯油　軽油　酢酸

水溶性

引っかかりやすいのがガソリンとの比較だ。引火点で比べると、ガソリンが-40℃に対して、灯油と軽油は40～45℃程度だが、発火点はガソリン300℃に対して灯油と軽油は220℃と低くなるんだ。「引火点の低いガソリン＝発火点も低い」と早とちりしないよう、気を付けろ！

Step2 解説 爆裂に読み込め！

➡ 第2石油類の定義と性状

「1気圧で引火点が21℃以上70℃未満のもの」が第2石油類だ。灯油や軽油などの非水溶性のものと、酢酸などの水溶性のものがあるぞ。指定数量は、非水溶性が1,000ℓ、水溶性はその2倍の2,000ℓだ。

◆共通する火災予防と消火法

第2石油類に共通する火災予防と消火法は次の通りだ。
・火気に近づけない
・近くで火花を発する機器は使用しない
・容器は密閉して、冷暗所に貯蔵し、通気、換気をする

➡ 非水溶性の第2石油類の性状

共通する性状は次の通りだ。
・加熱によって引火点以上になると、ガソリンと同様の危険性
・空気との接触面積が大きくなると危険性増大（噴霧したり布に染み込ませると危険！）
・静電気が発生しやすい（電気の不良導体のため）

◆灯油（別名：ケロシン）

①色、匂い　無色または淡紫黄色（薄いレモンティー色）／石油臭
②溶解　　　水、有機溶剤に溶けない
③特徴　　　蒸気が空気より4〜5倍重い／蒸気を吸い込むと中毒症状になる可能性あり
④消火法　　窒息消火が効果的

◆軽油（別名：ディーゼル油）

①色、匂い　淡黄色または淡褐色／石油臭

第6章　第4類危険物の性質を学ぼう

今なにをしているかで、君の未来は決まるぞ

②溶解　　　水、有機溶剤に溶けない
③特徴　　　灯油に準じた特徴

◆キシレン　$C_6H_4-(CH_3)_2$

①色、匂い　透明無色／特有の臭い
②溶解　　　水に溶けない
③特徴　　　トルエンの水素原子が-CH₃に置換した構造／構造の違いで3種
　　　　　　類の異性体（オルトキシレン、メタキシレン、パラキシレン）
　　　　　　ができる

◆1-ブタノール　$CH_2(OH)-C_3H_7$

①色、匂い　透明無色／特有の臭い
②溶解　　　水に溶けない
③特徴　　　結合する端（1つ目）の炭素原子に水酸基-OHが結合／炭素数4
　　　　　　のアルコールだが、アルコール類には分類されていない

◆クロロベンゼン　C_6H_5-Cl

①色　　　　透明無色
②溶解　　　水に溶けない／有機溶剤に溶ける
③特徴　　　麻酔性／引火点が低い（液温に注意！）／水より重い

🔶 水溶性の第2石油類の性状

共通する性状は次の通りだ。
・腐食性があり、付着すると皮膚を侵す
・濃い蒸気を吸入すると、呼吸器の粘膜を刺激して炎症を起こす
・液比重は、すべて1以上である

◆酢酸　CH_3COOH

①色、匂い　無色透明／刺激臭／酸味
②溶解　　　水、有機溶剤に溶ける
③特徴　　　腐食性／吸入すると粘膜が炎症を起こす／皮膚に触れると火傷

する／17℃以下で凝固
④保管　　コンクリートを腐食するため床材はアスファルト等を使用する
⑤他　　　濃度96％のものが氷酢酸／濃度3〜5％が食酢

◆プロピオン酸　　C_2H_5COOH
①特徴　酢酸よりも引火点の数値が高い／布に染み込ませると引火の危険性

◆アクリル酸　　$CH_2CH-COOH$
①特徴　炭素原子間の二重結合により重合しやすい

表27-1：アルコール類の性状一覧

品名	水溶性	比重	引火点	沸点	発火点	燃焼範囲 vol%
灯油	×	0.8	40℃以上	145〜270℃	220℃	1.1〜6
軽油	×	0.85	45℃以上	170〜370℃	220℃	1〜6
キシレン	×	0.86〜0.88	27〜33℃	138〜144℃	463〜528℃	1〜7
1-ブタノール	×	0.8	29℃	117℃	343℃	1.4〜11.2
クロロベンゼン	×	1.11	28℃	132℃	593℃	1.3〜9.6
酢酸	○	1.05	39℃	118℃	463℃	4〜19.9
プロピオン酸	○	1.0	52℃	140.8℃	465℃	−
アクリル酸	○	1.06	51℃	141℃	438℃	−

第 **6** 章

第 4 類危険物の性質を学ぼう

Step3 暗記 → 何度も読み返せ！

□ 第2石油類の引火点は［21］℃以上［70］℃未満で、その指定数量は、非水溶性が［1,000］ℓ、水溶性は［2,000］ℓである。
□ 灯油と軽油の引火点は［40］〜［45］℃とガソリンより高い。発火点はガソリンの300℃に比較して［220］℃と［低い］。
□ 水溶性の第2石油類の液比重はすべて、［1以上］である。

No. 28 /55　第3石油類

第1、2石油類に比べて引火点が高いため危険性は低いが、液温が高くなると危険性も増大する物質が第3石油類というわけだ。個別の物質の性質よりも、引火点の範囲と、特徴ある性質やキャッチーな言葉を中心に見ていけば十分だぞ！

Step1 図解　目に焼き付けろ！

定義

	特殊引火物
	第1石油類
	アルコール類
	第2石油類
	第3石油類
	第4石油類
	動植物油類

指定数量：非水溶性2,000ℓ
　　　　　水溶性4,000ℓ

250℃
　　　第4石油類
200℃
　　　第3石油類
引火点
70℃
　　　第2石油類
21℃
　　　第1石油類

70℃以上
200℃未満

主な物質

重油　クレオソート油　エチレングリコール（水溶性）　グリセリン（水溶性）

第3石油類の液比重は、重油以外はすべて1以上（水より重い）となるんだ。指定数量の関係性は、非水溶性の2倍量が水溶性の量となるほか、第2石油類の水溶性と第3石油類の非水溶性が同じ指定数量になっている点をチェックしておこう！！

Step2 解説 爆裂に読み込め！

→ 第3石油類の定義と性状

　「1気圧で引火点が70℃以上200℃未満の物質」が第3石油類だ。引火点の高い物質が多いので、そのままでは危険性は少ないけど、霧状噴霧して接触面積が増えた状態では引火点以下でも危険だから取扱に注意がいるぞ。非水溶性は重油、水溶性は多価アルコールを中心に見ていくぞ。

　これまでもずーっと見てきたけど、指定数量は、非水溶性が2,000ℓ（これは第2石油類の水溶性と同じだ）、水溶性はその2倍の4,000ℓになるぞ。

◆共通する火災予防と消火法
　第3石油類に共通する火災予防と消火法は次の通りだ。
・火気に近づけない
・近くで火花を発する機器は使用しない
・容器は密閉して、冷暗所に貯蔵し、通気、換気をする
・窒息消火が効果的

→ 非水溶性の第3石油類の性状

　第3石油類に該当する物質とその性状は次の通りだ。まず、水に溶けない第3石油類について見ていこう。重油は頻出だぞ。

◆重油
①色、臭い　　褐色、暗褐色／石油臭
②溶解　　　　水に溶けない
③特徴　　　　粘性／水より軽い（第3石油類で唯一）／燃え出すと高温になり消火困難／分解重油の自然発火に注意

◆クレオソート油
①色、臭い　黄色、暗緑色／特異臭
②溶解　　　水に溶けない／有機溶剤に溶ける
③特徴　　　蒸気は有害（粘膜刺激）

◆アニリン　$C_6H_5\text{-}NH_2$
①色　　　　無色／淡黄色
②溶解　　　水に溶けない／有機溶剤に溶ける
③特徴　　　ベンゼンのH原子がNH_2に置換した構造

◆ニトロベンゼン　$C_6H_5\text{-}NO_2$
①色　　　　無色／淡黄色
②溶解　　　水に溶けない／有機溶剤に溶ける
③特徴　　　蒸気は有毒／ベンゼンのH原子がNO_2に置換した構造

⊃ 水溶性の第3石油類の性状

　次に、水に溶ける第3石油類について見ていこう。なお、水溶性の第3石油類は、複数の水酸基（-OH）を持っているので、多価アルコールと呼ばれるぞ。

◆エチレングリコール　$CH_2OH\text{-}CH_2OH$
①色、臭い　無色透明／甘味
②溶解　　　水に溶ける
③特徴　　　加熱しなければ危険性は少ない／霧状にするなど空気に触れる
　　　　　　面積が大きくなると危険

◆グリセリン　$CH_2OH\text{-}CHOH\text{-}CH_2OH$
①色、臭い　無色透明／甘味
②溶解　　　水やエタノールに溶ける
③特徴　　　加熱しなければ危険性は少ない／霧状にするなど空気に触れる
　　　　　　面積が大きくなると危険

表28-1：第3石油類の性状一覧

品名	水溶性	比重	引火点	沸点	発火点
重油	×	0.9～1.0	60～150℃	300℃以上	250～380℃
クレオソート油	×	1.0以上	73.9℃	200℃以上	336℃
アニリン	×	1.01	70℃	184℃	615℃
ニトロベンゼン	×	1.2	88℃	211℃	482℃
エチレングリコール	○	1.1	111℃	198℃	398℃
グリセリン	○	1.3	199℃	291℃	370℃

多くの石油類は炭化水素の混合物であるため、決まった化学式や引火点が存在しない。だから、引火点も幅があるんだ。たまに、一部の第4石油類の引火点が200℃未満となることがあるが、この場合は、第3石油類に分類されることになるんだ。

第 **6** 章

第4類危険物の性質を学ぼう

Step3 暗記 → 何度も読み返せ！

- ☐ 第3石油類の引火点は［70］℃以上［200］℃未満で、その指定数量は、非水溶性が［2,000］ℓ、水溶性は［4,000］ℓである。
- ☐ 第3石油類の液比重は、［重油］以外は1以上である。
- ☐ 水溶性の第3石油類は、エチレングリコールや［グリセリン］が該当し、水酸基を複数持つため、［多価アルコール］と呼ばれる。
- ☐ 重油は［暗褐］色の［粘性］がある液体で、［石油］臭がある。

No. 29 /55 第4石油類

重要度：🔥🔥🔥🔥

第4石油類は、個別の物質の性質についての出題はないから、引火点による分類と、主なものの名称を中心に見ていこう！ はっきりとした特徴のない物質だから、そう、問題にしづらいんだ！！ 第4石油類の一般的性質だけ理解していれば十分だ！

Step1 図解 目に焼き付けろ！

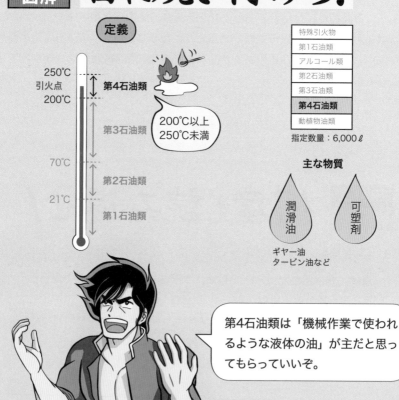

第4石油類は「機械作業で使われるような液体の油」が主だと思ってもらっていいぞ。

158

Step2 解説 爆裂に読み込め！

➡ 第4石油類の定義

「1気圧で引火点が200℃以上250℃未満の物質」が第4石油類だ。ほとんど蒸発することなく、加熱しない限りは安全な物質だ。機械作業するときに使われるギヤー油やタービン油等の潤滑油や可塑剤が代表的だ。指定数量は6,000ℓとされているぞ。

➡ 第4石油類の性質と危険性（指定可燃物とは？）

第4石油類の主な特徴は次の通りだ。
・水に溶けず、水より軽いものが多く、粘性が強い
・引火しにくいが、燃え出すと高温となり消火困難
・泡、ハロゲン化物、二酸化炭素などによる窒息消火が効果的（重油に準じた方法）

なお、危険物取扱者では、動植物油類も含めて引火点250℃未満のものを、消防法上の「危険物」としているんだ。仮に引火点が250℃以上になる場合は、危険物ではなくて指定可燃物として市町村条例で規制されるから覚えておくんだ！！

Step3 暗記 何度も読み返せ！

- □ 第4石油類の引火点は［200］℃以上［250］℃未満で、その指定数量は、［6,000］ℓである。
- □ 主な第4石油類は、［ギヤー］油や［タービン］油などの潤滑油や［可塑剤］が含まれている。
- □ 引火点［250］℃以上の場合には危険物ではなく、［指定可燃物］として、市町村条例による規制対象となる。

第6章 第4類危険物の性質を学ぼう

死に物狂いは、一生懸命を超える！

No.

30

/55

動植物油類

動植物油類の出題ポイントは2つだ！　「引火点」と「ヨウ素価だ」！　動植物油類で出題される内容は、①指定数量、②ヨウ素価、③一般的な動植物油類の性状くらいだ！　個別物質の出題は、ほぼゼロだ！

Step1 図解 目に焼き付けろ！

定義

250℃
引火点
↓

動植物油類

250℃未満

| 特殊引火物 |
| 第1石油類 |
| アルコール類 |
| 第2石油類 |
| 第3石油類 |
| 第4石油類 |
| **動植物油類** |

指定数量：10,000ℓ

乾きやすい（自然発火しやすい）→

不乾性油	半乾性油	乾性油
ヨウ素価 100以下	ヨウ素価 100～130	ヨウ素価 130以上
ヤシ油、オリーブ油など	菜種油、ゴマ油など	アマニ油、キリ油など

動植物油類の反応性を示す指標がヨウ素価で、炭素原子間の二重結合（不安定な結合のこと）が多いほど、ヨウ素価の値が大きくなり、反応性に富む物質といえるんだ。ヨウ素価が100以下のものを不乾性油、ヨウ素価100～130のものを半乾性油、ヨウ素価130以上のものを乾性油というんだ。

Step2 **解説** 爆裂に読み込め!

➡ 動植物油類の要件と性状

「動物の脂肉や植物の種子・果肉から抽出した液体で、1気圧で引火点が250℃未満の物質」が動植物油類だ。指定数量は、第4類危険物の中で最も大きく、10,000ℓだ。

ヤシ油やアマニ油などが該当し、250℃を超えるものは、第4石油類と同じく指定可燃物として市町村条例で規制されるため、引火点が250℃「未満」となっているんだ。主な特性は次の通りだ。

・水に溶けず、比重は水より小さい（1以下。水に浮く）
・布などに染み込んだものは、自然発火の恐れがある（酸化表面積の増大）
・引火しにくいが、燃え出すと高温となり消火困難

➡ ヨウ素価

動植物油類の中に含まれる炭素原子間の二重結合（不安定な結合）による反応度合いを表したものが、ヨウ素価だ。ヨウ素価が大きい乾性油ほど、反応性に富んでいて酸化しやすく、酸化熱が発生して自然発火する危険性が高いぞ！

Step3 **暗記** 何度も読み返せ!

☐ 動植物油類の引火点は1気圧において［250］℃未満で、指定数量は、［10,000］ℓである。

☐ 動植物油類の中の炭素原子間の二重結合による反応度合いを表したものが［ヨウ素価］で、反応しやすいものを［乾性油］、反応しづらいものを［不乾性油］という。

第**6**章

第4類危険物の性質を学ぼう

本章は第4類危険物の個別物品の性質について学んだが、復習もかねて、前章内容の第4類危険物全体に関する問題も用意したぞ！　はりきって復習してみてくれ！

問題 Lv.1

問題　以下の問に答えなさい。

🔥**01**　第4類危険物の蒸気は、すべて空気より重い。

🔥**02**　第4類危険物で水に溶けるものは、電気の不良導体で静電気を発生しやすく蓄積しやすい。

🔥**03**　第4類危険物を貯蔵する容器は、蒸気の発生を防止するため、空間を残さないよう容器に詰めて密栓する。

🔥**04**　第4類危険物の引火性蒸気は、高所に残った蒸気を高所から外へ排出する。

🔥**05**　第4類危険物は、アルコール・有機溶剤・水に溶ける。

🔥**06**　第4類危険物を貯蔵していた空容器は、栓を外して密閉した部屋に保管する。

🔥**07**　第4類危険物のうち、最も引火点が低いのは、アセトアルデヒドの−45℃である。

🔥**08**　第4類危険物を貯蔵する容器は、可燃性蒸気が漏れないように密栓して、冷暗所に置くようにする。

🔥**09**　万一第4類危険物が流出した場合、多量の水で薄める。

🔥**10**　危険物を詰め替えるときは、可燃性蒸気は、天井近くにたまりやすいので、その部分の換気は重点的に行う。

🔥**11**　特殊引火物とは、1気圧で発火点300℃以下のものまたは引火点が−20℃以下で、沸点が40℃以下のものをいう。

🔥**12**　酸化プロピレンは、重合する性質で水に溶けない。

🔥**13**　二硫化炭素は、水より重く灯油中に貯蔵される。

🔥**14**　アセトアルデヒドは、水に溶けない。

🔥**15**　ジエチルエーテルは、日光や空気に接触すると過酸化物を生じ、加熱・衝撃などで爆発の危険性がある。

🔥**16**　特殊引火物の指定数量は500ℓである。

🔥**17**　特殊引火物の中で最も引火点が低いのは二硫化炭素である。

🔥**18**　特殊引火物の中で最も燃焼範囲が広いのはアセトアルデヒドである。

🔥**19** 第4類危険物の火災に効果的な消火法は、除去消火である。

🔥**20** 第1石油類は、1気圧において、引火点が12℃未満のものをいう。

🔥**21** 水溶性の第1石油類として、アセトンとピリジンが該当する。

🔥**22** ガソリンの引火点は、−40℃で、発火点は、100℃、燃焼範囲は、1.4〜7.6vol％である。

正しい文章は、そのまま正しいものとして覚えるんだ！　誤りの文章は、どこが不正解なのか、正しい文章にするにはどうすれば良いかの視点で復習すると良いぞ！！

解説 Lv.1

🔥**01** ◯ →テーマNo.22

🔥**02** ✕ →テーマNo.22
水に溶けない非水溶性の危険物は、静電気を蓄積しやすいが正解だ！

🔥**03** ✕ →テーマNo.22
加温により体膨張するから、空間を残して容器に詰め密栓するんだ！

🔥**04** ✕ →テーマNo.22
蒸気比重は1より大きいので、低所に滞留するものを屋外高所へと排出するのが正解だ。

🔥**05** ✕ →テーマNo.22
水に溶けないものが多いが、一部溶けるものもあるが正解だ。

🔥**06** ✕ →テーマNo.22
密栓して、通気の良い部屋に保管するのが正解だ。

🔥**07** ✕ →テーマNo.24
第4類危険物のうち、最も引火点が低いのは、ジエチルエーテルの−45℃だ。ちなみに、アセトアルデヒドの引火点は、−39℃だ。

🔥**08** ◯ →テーマNo.22

🔥**09** ✕ →テーマNo.22
第4類危険物の多くは水に不溶で火災の発生時には油が浮いて燃焼を広げてしまうから、水で希釈はNGだ。

第**6**章 第4類危険物の性質を学ぼう

🔥 **10** ✕ →テーマNo.22

蒸気比重1以上のため、低所（床）に滞留する。よって、その部分の換気に留意しなければならない。

🔥 **11** ✕ →テーマNo.24

特殊引火物の要件2種は確実に覚えておこう！本問では、発火点は100℃以下が正解だ。

🔥 **12** ✕ →テーマNo.24

特殊引火物の中では、酸化プロピレンとアセトアルデヒドが水に可溶だ。

🔥 **13** ✕ →テーマNo.24

水より重いので、水中貯蔵されるぞ。

🔥 **14** ✕ →テーマNo.24

アセトアルデヒドは水に可溶だ。

🔥 **15** ◯ →テーマNo.24

🔥 **16** ✕ →テーマNo.24

50ℓが正解だ。

🔥 **17** ✕ →テーマNo.24

最も引火点が低いのは−45℃のジエチルエーテルだ。二硫化炭素は、最も発火点が低い物質（90℃）だ。

🔥 **18** ◯ →テーマNo.24

🔥 **19** ✕ →テーマNo.22

窒息消火が正解だ。引火性蒸気を除去するのは困難だからだ。もちろん、注水消火はNGだから間違えないようにな！！

🔥 **20** ✕ →テーマNo.25

第1石油類の引火点は、21℃未満が正しいぞ。

🔥 **21** ◯ →テーマNo.25

🔥 **22** ✕ →テーマNo.25

ガソリンの発火点は、300℃が正解だ。

問題 Lv.2

🔥 **23** ガソリンは、褐色に着色されていて、液比重は1以下である。

🔥 **24** トルエンの蒸気は、無毒である。

🔥 **25** 次の第4類危険物のうち、常温（20℃）で引火するものはいくつあるか。

灯油・アセトン・ジエチルエーテル・酢酸・クレオソート油・ギヤー油・二硫化炭素・クロロベンゼン・グリセリン・重油

①1つ　②2つ　③3つ　④4つ　⑤5つ

🔥26　アルコール類とは、1分子を構成する炭素の原子数が水に溶ける1〜5個までの飽和一価アルコールをいう。

🔥27　アルコール類の液比重は1より大きい。

🔥28　アルコールを水で希釈すると、引火点は高くなる。

🔥29　アルコール類の中で有毒なのは、エチルアルコールである。

🔥30　アルコール類の蒸気比重は1より小さい。

🔥31　アルコール類の指定数量は400ℓで、これは非水溶性の第1石油類と同じである。

🔥32　第2石油類は、1気圧において引火点が21℃以上100℃未満のものをいう。

🔥33　灯油の引火点は、約40℃以上で、発火点は300℃である。

🔥34　軽油の引火点は、約15℃以上で、色は、淡黄色・淡褐色である。

🔥35　キシレンは、3種類の異性体がある。

🔥36　氷酢酸は、水より重く、水に溶けない。

🔥37　第3石油類は、1気圧において引火点が70℃以上250℃未満のものをいう。

🔥38　重油の発火点は、約100℃以上である。

🔥39　グリセリンは、水より重く、水に溶けない。

🔥40　クレオソート油は、赤色・暗緑色である。

🔥41　重油は燃えにくいが、いったん燃え始めると消火が困難となる。

🔥42　第4石油類は、1気圧において引火点200℃以上250℃未満のものをいう。

🔥43　ギヤー油、アマニ油は、第4石油類である。

🔥44　シリンダー油、クレオソート油は、第4石油類である。

🔥45　タービン油、ツバキ油は、第4石油類である。

🔥46　モータ油、ヒマシ油は、第4石油類である。

🔥47　動植物油類とは、動物の脂肉等または植物の種子もしくは果肉から抽出したもので、1気圧において、引火点が350℃未満のものをいう。

🔥48　乾性油には、アマニ油、オリーブ油がある。

🔥49　ヨウ素価150以上を乾性油という。

🔥50　動植物油類は、ヨウ素価によって、乾性油、半乾性油、全乾性油に分類される。

🔥 **23** ✕ →テーマNo.25

褐色ではなく、オレンジ（橙）色に着色されているぞ。

🔥 **24** ✕ →テーマNo.25

トルエンの蒸気は有毒だ。

🔥 **25** ③ →テーマNo.24,30

常温（20℃）で引火する物質とは、つまり第1石油類（引火点21℃未満）よりも危険な物質を選ぶということだ。つまり、特殊引火物と第1石油類を選択肢の中から選べば正解だ。本問では、アセトン、ジエチルエーテル、二硫化炭素の3つがそれとなるぞ。

🔥 **26** ✕ →テーマNo.26

炭素原子数は1〜3個が正しいぞ。

🔥 **27** ✕ →テーマNo.26

液比重はすべて1以下である。

🔥 **28** ○ →テーマNo.26

🔥 **29** ✕ →テーマNo.26

有毒なのはメチルアルコール（メタノール）である。

🔥 **30** ✕ →テーマNo.26

第4類危険物の蒸気比重はすべて、1以上だから間違えるなよ！

🔥 **31** ✕ →テーマNo.26

前半は正しいが、後半が誤りだ。アルコール類の指定数量と同じなのは、水溶性の第1石油類だ。

🔥 **32** ✕ →テーマNo.27

第2石油類の引火点は、21℃以上70℃未満が正解だ。

🔥 **33** ✕ →テーマNo.27

発火点は220℃が正解だ。

🔥 **34** ✕ →テーマNo.27

軽油の引火点は45℃だ。

🔥 **35** ○ →テーマNo.27

🔥 **36** ✕ →テーマNo.27

水よりも重いが、水溶性なので水に可溶だ。

🔥 **37** ✕ →テーマNo.28

第3石油類の引火点は、70℃以上200℃未満が正解だ。

🔥38 ✕ →テーマNo.28

重油の発火点は250℃以上が正解だ。

🔥39 ✕ →テーマNo.28

グリセリンは、水より重く、水溶性なので水に可溶だ。

🔥40 ✕ →テーマNo.28

クレオソート油は、黄色または暗緑色で特異な臭気を有する液体だ。

🔥41 ◯ →テーマNo.28

🔥42 ◯ →テーマNo.29

🔥43 ✕ →テーマNo.29

アマニ油は動植物油類である。

🔥44 ✕ →テーマNo.29

クレオソート油は第3石油類だ。

🔥45 ✕ →テーマNo.29

ツバキ油は動植物油類だ。

🔥46 ✕ →テーマNo.29

ヒマシ油は動植物油類だ。

🔥47 ✕ →テーマNo.30

動植物油類の引火点は250℃未満が正解だ。

🔥48 ✕ →テーマNo.30

オリーブ油は不乾性油だ。

🔥49 ✕ →テーマNo.30

乾性油のヨウ素価は130以上だ。

🔥50 ✕ →テーマNo.30

動植物油類をヨウ素価で分類したとき、値の小さい順に、不乾性油、半乾性油、乾性油に大別することができるぞ。

問題 Lv.3

🔥51 乾性油のついたぼろ布を山積みにすると、酸化熱により自然発火することがある。

🔥52 次のうち、燃焼の三要素がそろっているものはどれか。

①空気　　　　ベンゼン　　静電気火花

②酸素 　　　　灯油 　　　　空気

③エタノール 　　衝撃火花 　　水素

④ガソリン 　　　酸素 　　　　空気

⑤重油 　　　　　電気火花 　　静電気火花

🔥53 アルコール類やケトン類などの水溶性の可燃性液体の火災に用いる泡消火剤
は、水溶性液体用泡消火剤とされている。その主な理由として適切なものは
どれか。

①他の泡消火剤に比べ、耐火性に優れているから。

②他の泡消火剤に比べ、消火剤が可燃性液体に溶け込み引火点が低くなるか
ら。

③他の泡消火剤に比べ、泡が溶解したり、破壊されることがないから。

④他の泡消火剤に比べ、可燃性液体への親和力が極めて強いから。

⑤他の泡消火剤に比べ、水溶性が高いから。

解説 Lv.3

🔥51 ⭕ →テーマNo.30

🔥52 ① →テーマNo.25,28

他の選択肢については、下記の通り。

②と④は点火源（熱源）がない、③と⑤は酸素供給源がないぞ。

🔥53 ③ →テーマNo.13, 26

記述の通りだ。一般の泡消火剤をアルコールなどの水溶性液体の火災に使用
すると、泡が溶けて破壊されてしまうため、窒息効果がなくなってしまうん
だ。なお、ケトンは、「R」及び「R'」を2個の炭化水素基としていて、
「R-CO-R'」という一般式で表される化合物の総称である。代表的なものに
アセトンがあるぞ。

第3科目

危険物に
関する法令

171

「今は自分のために頑張ればよい。でも、この勉強で得た資格を使って仕事をすることになれば、
それは、社会（みんな）のためになるんだ！」

第 **7** 章

危険物に関する
資格・制度を学ぼう

本章では、危険物に関する資格
と制度について学習するぞ。保
有資格（甲・乙・丙）によって
できることが異なる点は頻出
だ。指定数量倍数の計算は、第
6章を理解していないと解くこ
とが難しいぞ。法律特有の言い
回しも然りだが、「主語（誰
が）」と「述語（許可、承認、
認可、届出）」の対応関係は要
注意だ！

危険物の法律的な位置付け

法令にからめて、各類の危険物の概要が出題されることもあるんだ。ここでは、法令特有の言い回しや、勉強法についても触れていくぞ。法令は3分野の中で出題数、覚える内容ともに多いが、ポイントを押さえれば攻略できるぞ！

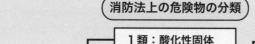

Step1 図解　目に焼き付けろ！

消防法上の危険物の分類

消防法上の危険物
- 1類：酸化性固体
- 2類：可燃性固体
- 3類：自然発火性および禁水性（固体または液体）
- 4類：引火性液体
  - 特殊引火物
  - 第1石油類
  - アルコール類
  - 第2石油類
  - 第3石油類
  - 第4石油類
  - 動植物油類
- 5類：自己反応性（固体または液体）
- 6類：酸化性液体

物質の状態	区分
固体のみ存在	第1類、第2類
固体と液体の両方が存在	第3類、第5類
液体のみ存在	第4類、第6類

市町村条例で規制 ← （引火点250℃以上） → 引火点250℃未満

消防法上の危険物は固体または液体で存在していて、気体の危険物は存在しないぞ！

Step2 解説 爆裂に読み込め！

➡ 法的側面から危険物を学ぶぞ！

　これまで、危険物の性質や分類を、引火点や性状などの化学的な側面から見てきたが、今度は法律の側面から見ていくぞ。消防法で定められているんだ。消防法によれば、「危険物」とは、「別表第1の品名欄に掲げる物品で、同表に定める区分に応じ同表の性質欄に掲げる性状を有するものをいう」と定義されているぞ。

> 分からない……。法律の文章って呪文みたいね

　法律の条文は、特有の言い回しで理解しづらいよな。とにかく、試験合格のために学んでほしいことをざっくりいうと、次の3点だ。

①危険物は化学的、物理的性質に従って、第1類～第6類に分類される。その大まかな性質を理解しろ！
②常温（20℃）・常圧下において、危険物は固体または液体で存在する。よって、気体の危険物はこの世に存在しない！
③第4類危険物は、細かい区分と、区分ごとの物質の特徴と性質を徹底理解する！（第6章で学習済みだ）

　改めて、各類の危険物の種類と性質、代表的な物質を、消防法が定める分類を把握するついでに次の表で確認しておこう！

第7章　危険物に関する資格・制度を学ぼう

失敗しても終わりじゃない、諦めたときに全てが終わるんだ！

危険物の種類	性質	状態	代表的な物質	取扱に必要な免状	
第1類	酸化性	固体	塩素酸塩類、過塩素酸塩類、無機過酸化物、亜塩素酸塩類など	乙種1類	甲種
第2類	可燃性	固体	硫化りん、赤りん、硫黄、鉄粉、金属粉、マグネシウムなど	乙種2類	
第3類	自然発火性、禁水性	固体または液体	カリウム、ナトリウム、アルキルアルミニウム、黄りんなど	乙種3類	
第4類	引火性	液体	ガソリン、アルコール類、灯油、軽油、重油、動植物油類など	乙種4類	
第5類	自己反応性	固体または液体	有機過酸化物、硝酸エステル類、ニトロ化合物など	乙種5類	
第6類	酸化性	液体	過塩素酸、過酸化水素、硝酸など	乙種6類	

◯ 法令の勉強法

そもそも、「危険物取扱者」という資格は何のためにある？　適正に扱えば生活に利便をもたらす危険物を、適正に扱うプロとして、国が定めた資格だよな。理屈や理論の前に、大切なのは実践だ。実務資格だから、細かい内容ばかり出題されるわけはないのだ。次の2点を意識すると効率よく学習できるぞ。

①法律の第〇条に何が書いてあるのかを覚えない（NO！条文暗記！）
②何がどのように規制されているのかに注意する（法律は5W1H！）

「5W1H」は「誰が（に）」「何を」「いつ」「どこで」「なぜ」「どうやって（または「どれだけ」）」というやつだ。実際の試験では、次のように出題されているぞ。下線部に注目だ！

◆5W1Hを意識した例

①How many?!

製造所等の施設に関する基準は、「保安距離」「指定数量との関係」「サイズ」など、数字周りを意識する！

②Who?!

各資格者の選任に関する手続きは、「誰が誰に」対して行うのか、意識する！

③Who?! When?!

各種手続き（許可、承認、認可、届出）は、「誰が誰に」＆「期間」を意識する！

Step3 暗記 何度も読み返せ！

- □ 第1類危険物は、[酸化] 性の [固] 体である。これ自体は燃えないが、他の物質に [酸素] を供給する酸化剤の役目を果たす。
- □ 第2類危険物は、[可燃] 性の [固] 体である。
- □ 第3類危険物は、[自然発火] 性および [禁水] 性の [固] 体または [液] 体である。
- □ 第4類危険物は、[引火] 性の [液] 体で、その蒸気の比重はすべて空気より [重] い。
- □ 第5類危険物は、[自己反応] 性の [固] 体または [液] 体で、自らの内部に含む [酸素原子] で燃える。
- □ 第6類危険物は、[酸化] 性の [液] 体であり、[不燃] 性である。

まずは、規制の概要と原則を押さえよう。「貯蔵・取扱」と「運搬」は、指定数量「以上」と「未満」で取扱が変わる！　市町村長等への申請手続きは、許可、承認、認可、届出があるぞ。どれも間違えるな！！

Step1 図解 目に焼き付けろ！

消防法の規制対象

運搬

貯蔵・取扱

指定数量未満は市町村条例の規制対象

申請手続きの分類

易 ⟶ 厳

届出 ＜ 認可 ＜ 承認 ＜ 許可

届出：譲渡や廃止、扱う危険物の変更など

認可：予防規程の作成・変更

承認：仮貯蔵、仮取扱、仮使用

許可：設置やそれに関する変更

運搬は一律で消防法の規制となるが、「貯蔵・取扱」は指定数量以上で消防法、指定数量未満の場合は市町村条例で規制されるぞ！間違えやすい箇所だから、特に気を付けるんだ！！

Step2 解説 爆裂に読み込め！

➡ 危険物についての3つの規制（貯蔵・取扱、運搬）

危険物については、次の3つの規制があるぞ。

①指定数量以上の危険物の貯蔵・取扱

消防法第3条の危険物の項目で基本事項を決定するんだ。さらに、政令、規則、告示などで技術上の基準が定められているぞ。

②指定数量未満の危険物の貯蔵・取扱

市町村の火災予防条例にて、技術上の基準が定められているぞ。

③危険物の運搬

指定数量以上・未満を問わず、消防法、政令、規則、告示によって、技術上の基準が定められているぞ。

➡ 貯蔵・取扱の原則と一部適用除外（例外）

指定数量以上の危険物を製造所等以外の場所で、貯蔵・取扱うことは原則禁止で許可が必要なんだ。ただ、世の中「原則あるところに例外あり」とはよくいったもので、消防法の試験でもこの「例外」がよく出るんだ（後述するぞ）。

◆許可制度

製造所等を設置する場合、その位置、構造、設備を、法令で定める技術上の基準に適合させ、市町村長等の許可を得なければならないと定めているんだ。

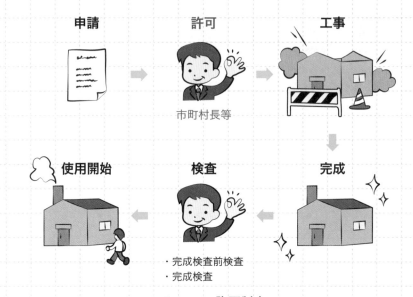

申請　→　許可　→　工事

市町村長等

使用開始　←　検査　←　完成

・完成検査前検査
・完成検査

図32-1：許可制度

◆一部例外と適用除外

　危険物の貯蔵・取扱には市町村長等の許可が必須なのは分かったはずだ。ただし、次の仮貯蔵・仮取扱という例外があるので、覚えておくんだ！

⇒指定数量以上の危険物を10日以内の期間に限って仮に貯蔵し、または取扱うことができる（仮貯蔵・仮取扱）。ただし、この場合でも消防長または消防署長の承認を受けることが必須となるぞ！！

　今度は適用除外についてみていくぞ。航空機、船舶、鉄道または軌道（路面電車などが通る道）による危険物の貯蔵、取扱、運搬は、消防法が適用されないんだ！　これらについては、それぞれ、航空法、船舶安全法、鉄道営業法、軌道法等によって、その安全確保が図られているからなんだ。ただし、これらへの給油の実施については、消防法の規制を受けるぞ！

　この他許可以外にも、内容によっては、承認・認可・届出が必要になるんだ。

表32-1：製造所等に関する手続き

手続き		内容	申請先
許可	設置	製造所等の設置	市町村長等
	変更	製造所等の位置、構造、または設備の変更	
承認	仮貯蔵 仮取扱	指定数量以上の危険物を10日以内の期間、仮に貯蔵し取扱う	消防長 消防署長
	仮使用	変更部分以外の全部または一部を仮に使用する	
認可		予防規程を作成、変更した場合	
届出		【遅滞なく届出】 ・譲渡または引渡し ・用途を廃止 ・危険物保安統括管理者、保安監督者の選任または解任 【10日前までに届出】 ・危険物の品名、数量、または指定数量の倍数の変更	市町村長等

　サラッと触れたが、「市町村長等」とは、消防本部及び消防署を置いている地域ではその市町村長、置いていない地域ではその都道府県知事、2以上の都道府県にわたって設置される場合には総務大臣のことを指すぞ。

> 都道府県をまたいでいる場合は、利害調整のために、消防法を取り仕切っている総務省（総務大臣）の管轄になるのね。

Step3 暗記 → 何度も読み返せ！

☐ 指定数量以上の危険物の運搬と貯蔵・取扱は、［消防法］の規制となり、指定数量未満の危険物の［貯蔵・取扱］は、市町村条例の規制となる。

☐ 指定数量以上の危険物を［10日］以内の期間に限って貯蔵・取扱う場合、［消防長または消防署長］の［承認］を受ければ良いことになっている。

重要度：🔥🔥🔥

12の危険物施設

このテーマでは、危険物施設（製造所等）の施設区分と、さらに突っ込んだ手続き（承認・届出）についてみていくぞ。製造所等はすべて覚えるしかない！！　また、承認・届出の手続きの差異は、超頻出だ！　繰り返し読みこめ！！

Step1 図解 目に焼き付けろ！

製造所等

製造所	貯蔵所	取扱所

・屋内貯蔵所	・簡易タンク貯蔵所	・給油取扱所
・屋外タンク貯蔵所	・移動タンク貯蔵所	・販売取扱所
・屋内タンク貯蔵所	・屋外貯蔵所	・移送取扱所
・地下タンク貯蔵所		・一般取扱所

製造所、貯蔵所、取扱所の3つをまとめて「製造所等」というぞ！　製造所等は、全部で12種類に区分される。出題の頻度には差があるが、各施設の詳細は必ず覚えるんだ！！

Step2 解説 爆裂に読み込め！

● 危険物施設の区分

　消防法等の規制が適用される、指定数量以上の危険物を貯蔵したり取り扱ったりする施設のことを危険物施設というが、大きく「製造所」「貯蔵所」「取扱所」の3つに区分されるぞ。さらに細かく、形態や設置場所によって12種類に細分化されるんだ。

　冒頭の図でも記載したが、危険物施設のことを製造所等と表記することもあるが、これは、製造所単独ではなくて、すべてをひっくるめた言い方である点に気を付けよう！

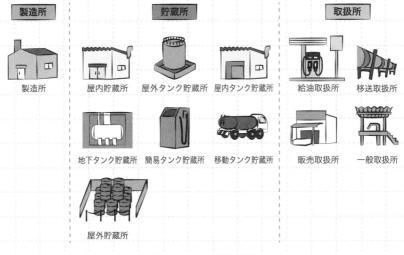

図33-1：製造所等

「製造所等 ＝ 製造所(1)＋貯蔵所(7)＋取扱所(4)」で、全部で12種類なんですね！

第7章 危険物に関する資格・制度を学ぼう

そうだ、理解が早いな！ それぞれの詳細は第8章で解説するから、ここでは全体概要とイメージをチェックしてくれ！！

➡ 製造所等の設置や変更許可申請の手続き

　製造所等を新たに設置したり、既存の製造所等の位置・構造・設備などを変更するときは、その管轄する市町村長等に対して、設置・変更の許可申請をしなければならないぞ！ この点は、前テーマで触れているから再度確認しておくんだ。

◆完成検査前検査

　前テーマの図32-1に記載がサラッとあるが、市町村長等の許可を受けて製造所等を設置・変更するものは、申請通りに工事がされているか、途中でチェックを受ける必要があるんだ。それが、完成検査前検査というわけだ。主に、液体危険物を貯蔵し、または取扱うタンク（液体危険物タンク）を設置・変更する製造所等を対象とした検査で、市町村長等に申請するんだ。

対象となる製造所等は次に記載したが、結論は屋外貯蔵タンクのみだ！！

【完成検査前検査の概要】
・水張検査または水圧検査、基礎・地盤検査、溶接部検査
・基礎・地盤検査および溶接部検査は、容量1,000kℓ以上の液体危険物を貯蔵する屋外貯蔵タンクに限定される
・製造所および一般取扱所の液体危険物タンクで、容量が指定数量未満のものは除外

◆完成検査

　設置・変更が申請通りに行われたか確認するための検査が完成検査だ。基準に適合していると認められれば、完成検査済証が交付されて、これで製造所等

の使用を開始することができるんだ！

◆届出にともなう日程のリミットの差異

前テーマの表32-1でサラッと触れているが、危険物については、消防法等による様々な届出の義務があるぞ。届出は、許可や認可と異なり行政庁の返事をもらう必要はないが、定められた時期に届出をする必要があるんだ。とはいえ、その時期は2種類だけだ！　取り扱う危険物の品名・数量または指定数量の倍数を変更する場合には、「変更しようとする日の10日前まで」に、それ以外は「遅滞なく」だ！！

⊙ 変更工事にともなう仮使用

製造所等の変更工事中に、施設内の工事とは関係ない部分についての使用を認めたのが、仮使用だ。市町村長等に対して、仮使用申請して承認を受けることで使用可能になるぞ。

> 「承認」という言葉を使うのは、「仮貯蔵・仮取扱」と「仮使用」だけ、つまり「仮○○」のときだけなんですね！　でも、えーと、「仮貯蔵・仮取扱」と「仮使用」の違いがよくわかりませーん！

整理してみよう。これを理解するだけで、確実に1点取れるぞ！！

◆仮貯蔵・仮取扱

本来であれば、指定数量以上の危険物を製造所等以外で取扱うことは禁止されているんだ。しかし、事前に、消防長または消防署長の承認を受ければ、10日以内の期間に限って「仮に」貯蔵し、取扱をすることが可能となる。それが、「仮貯蔵・仮取扱」だ！

◆仮使用

製造所等を工事する場合、工事が終わって完成検査を受け、完成検査済証の交付を受けないと使用することができないのは、先ほど学習した通りだ。

しかし、製造所等の中にある事務スペースのように、危険物そのものを製造・使用する場所ではない所まで使用禁止にするのは、杓子定規すぎて日常業務にも影響が出てしまう。だから、工事中であっても、施設内の危険物を取扱う場所とは無関係の部分については、「市町村長等の承認」を受けることで、仮に使用（だから「仮使用」）することができるんだ！！

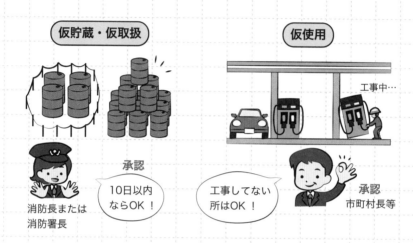

図33-2：仮貯蔵・仮取扱と仮使用

　図を見れば、2つの言葉は似ていても全くの別物と分かるはずだ！　法令の学習は、学習単元ごとに分けて講義する紙面の都合もあるが、文章を読み進めていくうちに、バラバラに勉強しているような気になってしまいがちだ。そこで、「誰が誰に許可するのか？」の視点を押さえつつ、似たもの同士を並べて比較することで一目瞭然に違いが理解できるはずだ！

えーと、「仮貯蔵・仮取扱」は消防長か消防署長に、「仮使用」は市町村長等に、「承認」をもらうのね。

Step3 暗記 → 何度も読み返せ！

□ 危険物施設は［製造所等］ともいわれ、製造所・［貯蔵所］・取扱所に分けられ、全部で［12］種類ある。
□ 完成検査前検査の対象となるのは、［屋外貯蔵タンク］に限定される。
□ 取扱う危険物の品名・数量または指定数量の倍数を変更するときは、市町村長等に［届出］をする必要があり、その期限は［変更しようとする日の10日前まで］である。
□ 変更工事にかかる部分以外の部分を仮使用する場合、［仮使用］の申請を市町村長等に行い、［承認］を得なければならない。

量を規制する指定数量

このテーマでは、危険物の指定数量についてみていくぞ！ 基本は第4類危険物の指定数量の数値とその考え方を理解すればOKだ！ まれに他の類の指定数量を問う問題もあるが、そこに労力を割いても仕方がない！ 第4類を徹底理解するんだ！！

Step1 図解 目に焼き付けろ！

品名	溶解	指定数量
特殊引火物		50ℓ
第1石油類	非水溶性	200ℓ
	水溶性	400ℓ
アルコール類		400ℓ
第2石油類	非水溶性	1,000ℓ
	水溶性	2,000ℓ
第3石油類	非水溶性	2,000ℓ
	水溶性	4,000ℓ
第4石油類		6,000ℓ
動植物油類		10,000ℓ

（2倍 / 同じ / 足す）

この指定数量の数値は完璧に覚えた上で、指定数量の倍数の計算問題（次のテーマ）が頻出だ！
危険性が大きい物質（表でいうと上段に記載の品名）ほど、指定数量の値は小さくなるぞ。逆だと勘違い（危険性が大！→指定数量も大？！）するなよ！

Step2 解説 爆裂に読み込め！

指定数量とは？

危険物は消防法によって規制されているから、無許可・無資格で取扱うと、処罰の対象となるんだ。しかし、冬に家で石油ストーブを使っているときに、「灯油を貯蔵したから許可を取れ」だとかいっていたら、色々と面倒だよな。

> 法律上はそうでも、扱う人の立場も理解してほしいですね。

そこでだ！　消防法では、危険物の危険性の度合いに応じて、「一定数量以上」を貯蔵したり、取扱ったりする場合にのみ規制を設けているんだ。その基準となる危険物の数量のことを指定数量というんだ。

危険性が大きい物質ほど指定数量は少量となる。指定数量は、危険物の貯蔵量・取扱量の限度ではなくて、その数量以上になると規制対象となるんだ。

Step3 暗記 何度も読み返せ！

- [ ] 特殊引火物の指定数量は［50］ℓで、第4類の中で最も［少ない］。
- [ ] 動植物油類指定数量は、［10,000］ℓ。
- [ ] 第1石油類の指定数量は［非水溶性］が200ℓ、水溶性が［400］ℓ。
- [ ] 第3石油類の指定数量は、非水溶性が［2,000］ℓ、水溶性は［4,000］ℓ。
- [ ] 第4石油類の指定数量は、［6,000］ℓ。
- [ ] 第2石油類の指定数量は、非水溶性が［1,000］ℓ、水溶性は［2,000］ℓ。
- [ ] アルコール類の指定数量は［400］ℓで、これは、［水溶性の第1石油類］と同じである。

No. 35 /55 指定数量を計算せよ!

このテーマでは、前テーマで学習した指定数量を元に計算問題をみていくぞ! 指定数量の倍数の計算は、簡単な四則計算だから間違えるなよ!! なお、この倍数の値によって、各種の規制が設けられているから、あわせてチェックするぞ!!

Step1 図解 目に焼き付けろ!

指定数量の倍数

危険物が…

1種類のみ

$$倍数 = \frac{取扱量}{指定数量}$$

複数ある

$$倍数 = \frac{①の取扱量}{①の指定数量} + \frac{②の取扱量}{②の指定数量} + \cdots$$

定められた数量(指定数量)の何倍の危険物を持っているかが、この式を使うと分かるんだ。分母にその危険物の指定数量を、分子に取扱っている数量を入れれば、倍数が出る。危険物が複数あれば、個別の倍数を足せばいいだけだ!

Step2 解説 爆裂に読み込め！

→ 指定数量の倍数計算

　危険物を貯蔵、取扱う上で、規制を受ける基準となる数量を指定数量というんだ。このとき、「指定数量をどれくらい上回っているか、あるいは下回っているか」という基準を示す数値が、指定数量の倍数という考え方だ。

　試験では、この指定数量の倍数の計算が頻出なんだ。指定数量の数値は基礎知識で、その発展として計算問題を出題したいと出題者は考えているわけだ！

　例えば、400ℓのガソリンを貯蔵する施設について考えてみよう。ガソリンの指定数量は、第4類危険物の第1石油類（非水溶性）に該当するから、200ℓだ。そうすると、この貯蔵所では、指定数量の2倍のガソリンを貯蔵していることになるわけだ。

【計算例】　400ℓのガソリンを貯蔵している場合

$$倍数 = \frac{ガソリンの貯蔵量（400ℓ）}{ガソリンの指定数量（200ℓ）} = 2（倍）$$

　1つの危険物の指定数量の倍数は、簡単な割り算なんですね！でも、複数の危険物を取扱う場合は、どうなるんですか？

　じゃあ次は、1つの製造所等で品名の異なる複数の危険物を取扱う場合の計算について見てみるぞ！

　例えば、あるガソリンスタンド（給油取扱所）で、ガソリンを100ℓ、灯油を3,000ℓ取扱っている場合はどうか。さっきと同じく危険物ごとの指定数量の倍数を計算して、それを足し合わせれば、全体の倍数が求められるぞ！

第

7

章

危険物に関する資格・制度を学ぼう

ガソリン100ℓ　　　　　　灯油3,000ℓ

第1石油類・非水溶性　　　　第2石油類・非水溶性
の指定数量は200ℓ　　　　　の指定数量は1,000ℓ

$$\frac{100}{200} \quad + \quad \frac{3,000}{1,000} \quad = \quad 3.5倍$$

0.5倍　　　　　　　　　　3倍

図35-1：複数の危険物の倍数計算

複数の危険物を取扱う場合も、危険物ごとに指定数量の倍数の値を求める、という基本は変わらないんですね！

そう、それで冒頭の図にある公式が成立するというわけだ。公式を覚えるんじゃない、計算法を理解するんだ！

⊙ 指定数量の倍数による規制

　こうして求めた指定数量の倍数に応じて、消防活動のために確保すべき保有空地の幅や定期点検の実施義務、予防規程の策定義務といった規制のレベルが定められているんだ。細かい内容はさておき、指定数量の倍数による区分は次の通りになるぞ！

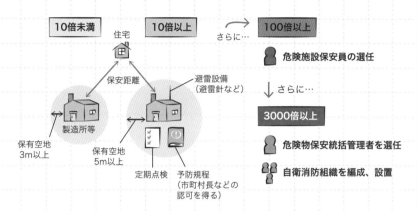

図35-2：倍数による区分と規制

予防規程や定期点検等について、指定数量の倍数による規制については後述するが、個別のテーマごとの学習を、最後は上図のように指定数量の倍数による区分として覚えておくとよいぞ！ テキストの関係上、テーマを区切って学習するわけだが、まとめてみると理解しやすいはずだ！！

 Step3 暗記 何度も読み返せ！

☐ 貯蔵・取扱いをする危険物が1種類のとき、指定数量の倍数は次の公式で求める。

$$指定数量の倍数＝\frac{対象となる危険物の[貯蔵・取扱量]}{対象となる危険物の[指定数量]}$$

☐ 複数の危険物を貯蔵・取扱う場合、各々の危険物の指定数量の倍数を求めて、これらの[総和]が、その貯蔵・取り扱いをする製造所等の指定数量の倍数となる。

重要度：🔥🔥🔥

危険物の扱いを許されし者

このテーマでは、危険物取扱者の分類と役割について学習するぞ！　全3種類の資格区分で、できることできないことの違い、免状の書換えと再交付の違いが本テーマの重要テーマだ！　細かい違いを試験で問われるぞ！！

Step1 図解　目に焼き付けろ！

（甲・乙・丙種の違い）

取扱OK
（立会いはダメ）

・危険物保安監督者になれる
・無資格者の立会いOK

資格によって扱える危険物の分類と無資格者の作業立会いの可否が試験では頻出だぞ！！

194

Step2 解説 → 爆裂に読み込め！

→ 危険物取扱者

危険物取扱者とは、危険物取扱者の試験に合格して都道府県知事から危険物取扱者免状の交付を受けた者のことをいうぞ。

免状はどこの都道府県で交付を受けても、全国で有効で、その有効期間は10年間だ。ただし、法令に違反した場合（危険物取扱者として危険物の取扱を適切に行わなかったなど）には、免状返納を命じられることもあるぞ。

免状の区分として、危険物取扱者は甲種、乙種、丙種の3種類があるぞ。甲種はすべての危険物、乙種は免状記載（試験に合格した）の危険物、丙種は指定された一部の危険物のみ取扱うことができるんだ。無資格者の立会いと、後述する危険物保安監督者になることができるのは、甲種と乙種の資格者で、丙種はどちらもできない点が要注意だ！！

◆ 危険物取扱者の意義・義務

危険物取扱者の資格は、危険物の取扱作業の安全を人的な面から確保するためにあるんだ。だから、無資格者のみの作業は禁止とされている。

危険物を扱うときは、有資格者が自ら取扱うか、無資格者の作業には有資格者（丙種除く）の立会いが義務付けられているぞ。

無資格者
保安の確保
立会い
移送同乗

図36-1：甲・乙種有資格者の責務

➡ 免状の交付と書換え、再交付

　免状交付は、試験合格者に対して都道府県知事が行うが、その申請先は、試験を行った（受験した）都道府県知事になるんだ。

◆書換え

　免状記載事項（氏名・本籍変更、写真撮影から10年経過）が変わった場合は、免状交付した都道府県知事、または居住地もしくは勤務地を管轄する都道府県知事に対して、書換えを申請しなければならない。

◆再交付

　一方、免状を亡失、滅失、汚損、破損した場合は、再交付の申請をしなければならないが、この場合の申請先は、免状を交付（または書換え）した都道府県知事のみとなるんだ。

　なお、再交付を受けてから、失くした古い免状を発見した場合は、10日以内に提出しなければならないぞ。

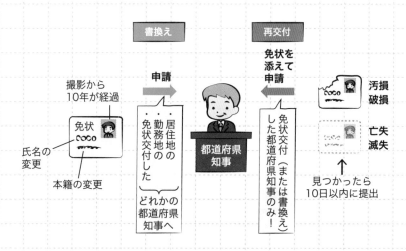

図36-2：書換えと再交付

書換えより再発行の方が、申請先の選択肢が少ないですね…

書換え（免状記載事項の変更）は、不可抗力ともいえる事情での変更だから、融通をきかせて比較的便利に申請できるようにしている。一方、亡失、滅失、汚損、破損した場合、悪くいえば管理不行き届きという考えから、再発行の申請は免状交付または書換えをした都道府県知事のみ、としているんだ。

◆免状の不交付、返納命令
分かりやすくいえば、前科のあるヤバいやつには、免状が交付されないんだ。免状を交付してはマズイ人物へ交付すると、危険物の取扱作業の安全を人的な面で確保することが難しくなるからなんだ！！

【免状の不交付】
・免状の返納を命じられて1年を経過していない
・消防法または消防法に基づく命令に違反して、罰金以上の刑に処せられ、その執行が終わって2年を経過していない
【免状の返納命令】
・消防法または消防法に基づく命令に違反した者には、都道府県知事は免状の返納を命じることができる

第7章 危険物に関する資格・制度を学ぼう

Step3 暗記 何度も読み返せ！

□ 無資格者が危険物を取扱うときの立会いができるのは、[甲]種と[乙]種の資格者で、[丙]種は立会いが出来ない。
□ 免状の書換えは、[免状交付]した知事または[勤務地]若しくは[居住地]の知事に対して申請を行う。

No. 37 /55　危険物を保安するための3つの役割

このテーマでは、危険物取扱者の保安講習と保安体制についてみていくぞ！　保安講習は、受講期間（サイクル）が頻出だ！　保安体制は、3つある中で有資格者じゃないとなれないもの、無資格者でもなれるもの、その違いが頻出だ！！

Step1 図解　目に焼き付けろ！

（保安のための3つの役割）

危険物保安監督者

甲・乙種の有資格者

実務経験6か月以上

危険物保安統括管理者

資格不要

危険物施設保安員

資格不要（届出不要）

選任 ↑

所有者等

届出 →
← 解任命令

市町村長等

危険物保安統括管理者の選任は、製造所等の所有者、管理者、占有者から当事者に。解任命令は、市町村長等から、製造所等の所有者、管理者、占有者に行うんだ。

Step2 解説 爆裂に読み込め！

→ 保安講習

　危険物の取扱作業に従事している危険物取扱者は、都道府県知事が行う保安に関する講習（保安講習）を3年に1回受講しなければならないんだ。最近の事故事例や、取扱の注意事項などの知識のブラッシュアップのためというわけだ。だから、危険物取扱作業に従事していない者には受講義務はないぞ！

　ただし、新たに従事し出した場合は、従事し始めてから1年以内に保安講習を受ける必要があるぞ。その後は、同じ3年に1回のサイクルとなるから間違えるなよ！

　なお、「3年に1回受講」を厳密にいうと、受講後最初の4月1日から3年以内に受講する、ということだ。

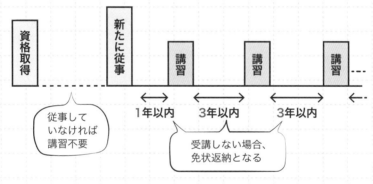

図37-1：保安講習の受講

→ 保安体制（3つの役職の就任・選任要件）

　災害の発生を防ぐには、製造所等における日ごろの備えとして、自主保安体制の確立が不可欠だ。そのため、危険物取扱の保安体制として、危険物保安監督者、危険物保安統括管理者、危険物施設保安員などが制度化されているぞ。順に見ていこう。

自分が選んだ道、必ずやり遂げよう

◆危険物保安監督者

　危険度の高い施設では、保安体制の確実な確保と運用が求められるんだ。そこで、甲種または乙種の資格を持つ実務経験6か月以上の資格者の中から選ばれるのが、危険物保安監督者だ。とくに、「製造所」「屋外タンク貯蔵所」「給油取扱所」「移送取扱所」では必ず選任することになっているぞ。

 後述する危険物施設保安員に、必要な指示を与えて監督する立場でもあるから、現場の責任者的なイメージだ！　危険物施設保安員がいない場合には、自らも危険物を取扱うぞ。

　この危険物保安監督者は、製造所等の施設ごとに選任する必要があって、市町村長等への届出義務がある！　試験で問われる例外として、移動タンク貯蔵所（タンクローリー車）には、危険物保安監督者の選任が不要だ！！

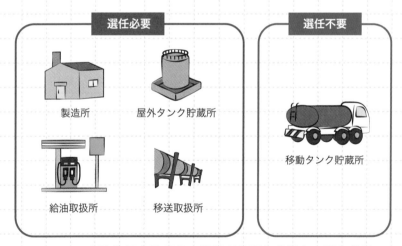

図37-2：危険物保安監督者の選任が必要な施設と不要な施設

　危険物保安監督者の主な業務は次の通りだ。

【危険物保安監督者の業務】
　・危険物の取扱作業をする者への貯蔵・取扱上の指示を与える
　・災害発生時に作業する者へ指示をして応急措置を講じる
　・消防機関への通報等

◆ 危険物保安統括管理者と危険物施設保安員

　製造所等の所有者等は、その製造所等の内容に応じて、危険物保安監督者のほかに、危険物保安統括管理者や危険物施設保安員の選任をする必要がある。

　サラッと出てきたが、まずは製造所等の所有者等について説明しよう。
　所有者等というのは、製造所等の所有者だけでなく、管理者（管理会社の役員）や占有者（施設を借りている人）が含まれるぞ。

　そして、危険物の取扱事業を全体的に管理する上位者が、危険物保安統括管理者だ。現場監督的（何もしないが、見てはいる）なイメージを持ってくれればOKで、資格は不要だ。市町村長等への届出義務があるぞ！

　危険物保安統括管理者の選任を必要とする事業所は、次の2つだ。
　①指定数量の倍数3,000以上の、製造所と一般取扱所
　②指定数量以上の移送取扱所

　危険物保安監督者の下で実際に作業をする業務補佐役が、危険物施設保安員だ。ある意味下っ端みたいなイメージだから、資格は不要だ。製造所等の施設ごとに選出するけれど、届出の義務はないんだ！

これ超重要！　選任義務はあるが、届出義務はないぞ！

　危険物施設保安員の選任を必要とする事業所は、次の2つだ。
　①指定数量の倍数100以上の、製造所と一般取扱所
　②指定数量以上の移送取扱所

表37-1：就任要件について

無資格者でも就任可	危険物保安統括管理者、危険物施設保安員
実務経験6か月以上の甲種または乙種資格者	危険物保安監督者

表37-2：届出義務について

市町村長等への届出義務あり	危険物保安統括管理者、危険物保安監督者
市町村長等への届出義務なし	危険物施設保安員

Step3 暗記 何度も読み返せ！

□ 危険物保安監督者になれるのは、甲種または乙種の有資格者で、［6］か月以上の実務経験を有する者である。

□ 新たに危険物の取扱作業に従事する場合、その従事する日から［1年］以内に、［都道府県知事］が行う講習を受講しなければならない。

□ 現に危険物の取扱作業に従事する者は、前の講習受講後最初の［4月1日］から［3年］以内に、講習を受講しなければならない。

□ 取扱う危険物の指定数量が3,000倍以上の製造所と一般取扱所では、［危険物保安統括管理者］を選任して［市町村長等］へ届け出なければならない。

□ 取扱う危険物の指定数量が100倍以上の製造所と一般取扱所では、［危険物施設保安員］を選任する必要があるが、市町村長等への届け出は［不要］である。

No. 38 /55 火災予防のための規定

このテーマでは、予防規程についてみていくぞ！ 予防規程とは、個別の製造所等ごとに定められる内部ルールのことだ！ 概要の理解と、指定数量の倍数による予防規程の必要・不要の製造所等をチェックしておくんだ！！

Step1 図解 目に焼き付けろ！

予防規程の認可と内容

市町村長等

作成・変更 ← 予防規程 → 認可

所有者等

定める内容

 入院です 監督者 → 留守は任せて 代行者

危険物保安監督者の代行者を選出

 巡視、点検、検査、補修等

…その他、保安のための内部ルールを定める

予防規程の分野は、出題箇所がかなり限られている。予防規程はどんな施設に必要・不必要なのか、誰に認可をもらうのか、どんな内容を定めるのか、といったポイントを押さえて要領よく覚えるんだ！！

爆裂に読み込め!

➡ 施設ごとに火災予防のためのルールを決めろ!

　消防法という法律は、危険物の取扱について、全国一律で規制する杓子定規な法律だ。ところが、日本にある製造所等は、北は北海道から南は沖縄まで、すべて同じ構造、規模、条件で設置されていないのは当然だよな。そうすると、一般的な共通ルールを消防法で定めるほかにも、個別の施設の特徴に合わせた施設特有の内部ルールが必要になってくるんだ。

> その個別施設ごとの内部ルールが、予防規程なんですね!

　そうなんだ。予防規程は、製造所等の所有者、管理者、占有者、従業員などが遵守しなければならない火災予防の自主保安基準に関する規程なんだよ。
　一定の製造所等の所有者等（所有者、管理者、占有者）は、予防規程を定めたときや変更したときは、市町村長等の認可を受けることが義務付けられているんだ!!　さらに、市町村長等は、この予防規程が技術上の基準に適合しない場合は、認可してはならないとされているぞ。

> 自主的な内部ルールとはいえ、所有者等と従業員は予防規程を守る義務があるんですね。また、その施設で遵守すべき火災予防のためのルールだから、市町村長等も細かく審査しているんですね。

> テーマ32で、製造所等の申請は4種類（許可、承認、認可、届出）あるといったが、このうち「認可」は、予防規程のみで使われるフレーズだ!!

表38-1：予防規程を定めなければならない製造所等

施設	対象となる規模
製造所、一般取扱所	指定数量の倍数が10以上
屋外貯蔵所	指定数量の倍数が100以上
屋内貯蔵所	指定数量の倍数が150以上
屋外タンク貯蔵所	指定数量の倍数が200以上
給油取扱所（ガソリンスタンド）	すべて
移送取扱所（パイプライン）	

　上の表は、予防規程を定めなければならない製造所等（指定数量の倍数による）の一覧だ。ポイントは、2つある。特に②が超重要だ！

①給油取扱所と移送取扱所では、指定数量の倍数に関係なく、予防規程を定める
②ここに記載のない製造所等では、指定数量の倍数に関係なく、予防規程は不要

さらに、予防規程を定める施設の「逆」も問われる。むしろその方が出題は多い。ちなみに、次の5つの危険物施設では、指定数量の倍数に関係なく予防規程は不要だ。

【予防規程が不要な危険物施設】
　・屋内タンク貯蔵所　　・簡易タンク貯蔵所　　・地下タンク貯蔵所
　・移動タンク貯蔵所　　・販売取扱所（第1、2種）

　予防規程に定める内容としては、次のものがあるぞ。製造所等の内部ルールということを考えれば、当たり前の内容ばかりだと分かるはずだ！！

第7章　危険物に関する資格・制度を学ぼう

【予防規程に定める内容】

　・保安のための巡視、点検、検査、補修等の対応法
　・危険物の保安業務を管理する者の職務及び組織
　・危険物保安監督者が旅行・疾病その他の理由で職務不可となる場合の代行
　・従業員の保安教育
　・化学消防自動車や自衛消防組織の設置
　・危険物取扱作業基準
　・地震発生時における施設及び設備に対する点検・応急措置
　・製造所等の位置・構造及び設備を明示した書類及び図面の整備
　・危険物施設の運転・操作など

Step3 暗記　何度も読み返せ！

□ 個別の製造所等に定められる内部ルールを［予防規程］といい、製造所等の所有者等は、市町村長等の［認可］を受けなければならない。

□ 指定数量の倍数に関係なく予防規程を定める必要があるのは、［給油取扱所］と移送取扱所で、倍数に関係なく不要となるのは、［屋内タンク貯蔵所］、簡易タンク貯蔵所、地下タンク貯蔵所、［移動タンク貯蔵所］、［販売取扱所］（第1、2種）である。

No. 39 /55 自衛消防組織を編成せよ！

このテーマでは自衛消防組織の「ついで学習」をするぞ！　突っ込んだ内容は出題されていないから、自衛消防組織の意義と設置基準に絞って学習するんだ！　合わせて、出題者目線に立った学習法についても指南するぞ！！

Step1 図解 目に焼き付けろ！

自衛消防組織の設置対象

設置義務 ── 指定数量の 3,000倍以上 ── 製造所／一般取扱所

── 指定数量以上 ── 移送取扱所

自衛消防組織の設置対象となる施設と指定数量倍数の組合せは必ず覚えておくんだ！！　ただ、やみくもに覚えても意味がない！！　この対象となる施設と指定数量倍数の基準は、実は、危険物保安統括管理者の設置基準と同じになっているんだ！！（忘れた人は、テーマ37を確認だ！）

🔸 自衛消防組織とは？

　規模の大きい危険物施設で火災等の事故が発生したときは、消防車両の到着を待っていては火災がどんどん進行してしまうから、初期消火をすることが肝心といえるんだ。

　そこで、大規模な危険物施設を持つ事業所では、火災等の被害を最小限に食い止めるため、規模に応じた自衛消防組織を編成しておくことが義務付けられているんだ。

　自衛消防組織の設置が義務付けられるのは、製造所、一般取扱所または移送取扱所において、第4類危険物を指定数量の3,000倍以上（移送取扱所は指定数量以上）取り扱う事業所だ。

> 冒頭にも記載したが、自衛消防組織の設置基準となる指定数量および危険物施設は、危険物保安統括管理者の設置基準および指定数量と同じなんだ！　今一度確認してくれ！！

🔸 出題者目線で見る、学習のコツ（分類と比較）

　簡単な暗記法があれば、ぜひ紹介したいが、ないのが残念なところだ。ただ、やみくもに学習しても仕方ないから、少しでも効率よく覚えられる方法や学習のコツについて紹介していくぞ。

　まず、前述した自衛消防組織の設置基準となる指定数量の倍数と対象施設については、危険物保安統括管理者の基準と同じになっている点を押さえておくんだ。テキストの都合上、単元ごとにテーマを分けているから、どうしても別物と見てしまうかもしれないが、一度振り返りをしてほしいんだ。

> これまで学んだ別々の知識を関連付けてみるってことですね。

　関連性や共通点を自分なりに見つけることで、強固な記憶として理解できるはずだ。以下に一例を示しておこう。この他にもあるから、自分で見つけてみるんだ。

【似た者同士】
・自衛消防組織と危険物保安統括管理者の設置基準

【特有】
・「認可」を受ける必要があるのは、予防規程の作成・変更のみ
・「承認」を受けるのは仮使用と仮貯蔵・仮取扱。似ているけど別物

【比較】
・定期点検の実施主体は製造所等の所有者等だが、保安検査は、製造所等の所有者等の申請に基づいて市町村長等が実施（実施主体が異なる）

Step3 暗記 → 何度も読み返せ！

□ 自衛消防組織の設置が義務付けられている製造所等は、指定数量の倍数が［3,000倍］以上の製造所と［一般取扱所］、指定数量以上の［移送取扱所］である。この基準は、［危険物保安統括管理者］の設置基準と同じである。

□ 自衛消防組織の設置が義務付けられる製造所等と対象施設は同じであるが、危険物施設保安員の場合には、指定数量の倍数が［100倍］以上のときに設置が義務付けられる。

Soonじゃない、Nowだ!!

所有者等が行う定期点検

このテーマでは定期点検の実施概要と、点検対象となる施設、非対象となる施設を見ていくぞ！ 学習のポイントは、予防規程と同じだ！

目に焼き付けろ！

定期点検の概要

点検
記録 **3年間保存**

年1回以上
実施

・どこを（施設名）
・いつ（年月日）
・誰が（点検者）
・どうやって（点検方法）
・どうだった（結果）

定期点検のできる人
・危険物取扱者の有資格者
・危険物施設保安員（免状不要）
・有資格者（甲・乙）の立会いつきの無資格者

定期点検が必要な施設と、それをいつ、誰がやるのか、いつまで保存するか、答えられるようにしておこう。施設については解説文中の表をチェックしてくれ。

Step2 解説 爆裂に読み込め！

➡ 安全に使うための所有者等の義務！

　危険物施設を操業しているうちに、施設も経年劣化していくそのため、問題を早期に発見する目的で、一定の製造所等の所有者等は、年 1回以上の定期点検を実施して、その点検記録を 3年間保存する義務があるんだ。

　例外として、移動タンク貯蔵所の水圧試験は10年間、乙4類危険物を貯蔵する屋外タンク貯蔵所の内部点検は26年間の保存義務があるぞ。

> 予防規程は、作成・変更したら届け出て認可を受ける義務があったけど、定期点検はどうなんですか？

　定期点検の実施は義務だが、届出の義務はないぞ！　消防機関から資料類の提出を求められることはあるから、ぬかりなく実施して一定期間保存する必要があるんだ。

　定期点検では、製造所等の位置、構造及び設備が技術上の基準に適合しているか否かについて点検されるんだ。なお、冒頭の図にも記載があるが、定期点検を行うことができる者は、①危険物取扱者、②危険物施設保安員（免状不要）、③危険物取扱者（甲・乙）の立会いを受けた者、と幅広いので覚えておくように！！

　次の表は、定期点検の実施義務がある製造所等（指定数量の倍数による）の一覧だ。予防規程と同じで、指定数量の倍数に関係なく定期点検の実施義務がある施設（地下タンク貯蔵所、移動タンク貯蔵所、移送取扱所）がある一方、指定数量の倍数に関係なく定期点検が不要な施設があるということだ！！

第 **7** 章

危険物に関する資格・制度を学ぼう

表40-1：定期点検を実施しなければならない製造所等

施設	対象となる規模
製造所、一般取扱所	指定数量の倍数が10以上、 または地下タンクを有するもの
屋外貯蔵所	指定数量の倍数が100以上
屋内貯蔵所	指定数量の倍数が150以上
屋外タンク貯蔵所	指定数量の倍数が200以上
給油取扱所	地下タンクを有するもの
地下タンク貯蔵所	すべて
移動タンク貯蔵所	
移送取扱所	

ここが重要だ！ 指定数量の倍数に関係なく定期点検を実施しなくてもよい製造所等として、次の施設が該当するぞ！！

・屋内タンク貯蔵所 　・簡易タンク貯蔵所 　・販売取扱所（第1、2種）

Step3 暗記 何度も読み返せ！

□ 定期点検は原則年 [1回] 以上実施して、その点検記録を [3年] 間保存しなければならない。

□ 定期点検を実施できるのは、危険物取扱者とその立会いを受けた無資格者、[危険物施設保安員] である。

□ 定期点検の実施が不要なのは、[屋内タンク貯蔵所]、販売取扱所（第1、2種）、[簡易タンク貯蔵所] である。

No. 41 /55 市町村長等が行う保安検査

このテーマでは、保安検査の概要と対象となる危険物施設について学習するぞ！保安検査の種類は全部で2種類、対象となる危険物施設も2施設と、出題箇所はかなり限定的だ！ 実施主体が誰か、定期点検と混同するなよ！！

Step1 図解 目に焼き付けろ！

保安検査の概要

保安検査

- 定期保安検査
- 臨時保安検査

対象

移送取扱所

屋外タンク貯蔵所

検査して下さい

オッケー

所有者等 → 申請 → 市町村長等

検査実施

屋外タンク貯蔵所は、定期保安検査、臨時保安検査、共に対象だ！ 一方、移送取扱所は定期保安検査のみ対象だ！解説中で細かい要件を説明するが、最低でもこの図は覚えておくんだ！！

Step2 解説 ► 爆裂に読み込め！

→ 外部からのチェックを受けろ！

　石油コンビナートのような大きな屋外タンク貯蔵所や移送取扱所では、設備の不備や欠陥による事故が発生すると、設備が大きいだけに、その被害や社会的な影響が甚大(じんだい)なものになる恐れがあるんだ。そこで、そのような大災害の発生を未然に防ぐために、これらの大規模施設の所有者等は、市町村長等が行う保安検査を受けることが義務付けられているんだ！

> 定期点検と保安検査は、実施主体が違うみたいですね。

　鋭いな！　定期点検は、製造所等の所有者等が実施主体（実際に手を動かすのは、雇われている危険物取扱者や施設保安員）だ。一方の保安検査は、製造所等の所有者等の申請に基づいて、市町村長等が実施するんだ！！

　実施主体の違いを押さえたら、今度は内容について見ていくぞ。
　定期的に受ける義務のある定期保安検査と、不等沈下など、危険物の規制に関する政令で定める事由が生じた場合に受けなければならない臨時保安検査の2種類があるぞ。
　検査の流れと、定期保安検査・臨時保安検査の区分を説明しよう。

【検査の流れ】
　①所有者等（所有者、管理者、占有者）が、市町村長等に申請
　②市町村長等が検査を実施
　③問題なければ保安検査済証が交付される／措置命令

　検査の結果、政令等に定められた技術上の基準に適合していることが認められると、市町村長等から保安検査済証が交付されるんだ。適合しない場合は、

214

安全管理のため、市町村長等による措置命令（危険物施設の基準維持命令）が発せられることがあるぞ。

なお、保安検査を受けない場合は、30万円以下の罰金または拘留に処せられるんだ。

表41-1：**2種類の保安検査**

	定期保安検査		臨時保安検査
	移送取扱所	屋外タンク貯蔵所	
検査対象	・配管延長15Km超 ・最大常用圧力0.95MPa以上かつ延長が7〜15km以下	容量10,000kℓ以上のもの	容量1,000kℓ以上のもの
検査時期検査事由	年1回	・8年に1回 ・岩盤タンクは10年に1回 ・地中タンクは13年に1回	・1/100以上の不等沈下発生 ・岩盤タンクと地中タンクについては、可燃性蒸気の漏洩の恐れがあること
検査事項	移送取扱所の構造および設備	・タンク底部の板厚と溶接部 ・岩盤タンクの構造と設備	

Step3 暗記　何度も読み返せ！

□ 保安検査の実施については、［製造所等の所有者等］が［市町村長等］に申請して行う。実施主体は、［市町村長等］である。
□ 臨時保安検査が必要なのは、［屋外タンク貯蔵所］のみである。
□ 定期保安検査が必要な2施設は、［屋外タンク貯蔵所］と［移送取扱所］である。

燃えろ！ 演習問題

本章で学んだことを復習だ！ 分からない問題は、テキストに戻って確認するんだ！ 分からないままで終わらせるなよ！！

問題 Lv.1

🔥01 特殊引火物を、2,000ℓ取扱う場合、指定数量の倍数は40倍である。

🔥02 第1石油類の非水溶性液体を、2,000ℓ取扱う場合、指定数量の倍数は20倍である。

🔥03 アルコール類を、2,000ℓ取扱う場合、指定数量の倍数は10倍である。

🔥04 第2石油類の非水溶性液体を、2,000ℓ取扱う場合、指定数量の倍数は5倍である。

🔥05 第3石油類の水溶性液体を、2,000ℓ取扱う場合、指定数量の倍数は1倍である。

🔥06 次の危険物を、同一場所で貯蔵する場合、指定数量の倍率を求めなさい。
重油：4,000ℓ　軽油：500ℓ　ガソリン：600ℓ　灯油：1,000ℓ

🔥07 次の危険物を、同一場所で貯蔵する場合、指定数量の倍率を求めなさい。
アセトン：800ℓ　氷酢酸：4,000ℓ　二硫化炭素：500ℓ
エタノール：1,600ℓ

🔥08 甲種・乙種危険物免状は、危険物を取扱うときだけ携帯しなければならない。

🔥09 危険物の取扱は免状を持ったものが行うが、危険物取扱者以外の者は、免状を持った者が立ち会って行う。

🔥10 免状を亡失したときは、亡失した区域を管轄する都道府県知事に再交付を申請しなければならない。

🔥11 再交付後亡失した免状を発見したときは、遅滞なく、再交付を受けた都道府県知事に提出しなければならない。

🔥12 書換えするときは、当該免状を交付した都道府県知事、または居住地もしくは勤務地を管轄する都道府県知事に申請する。

🔥13 危険物の取扱作業に従事しているときは、1年に1回保安講習を受けなければならない。

🔥14 危険物の取扱作業に従事していないときは、3年に1回保安講習を受けなけ

ればならない。

🔥15 危険物の取扱作業に新たに従事することになったときは、従事しだして1年
以内に保安講習を受けなければならない。

🔥16 免許返納命令を受け返納して2年経過しない者や、罰金以上の刑でその執行
を終わって2年経過しない者は、免状は交付されない。

🔥17 危険物免状を持っている者は、実務経験が6か月以上で、保安監督者になれ
る。

解説 Lv.1

🔥01 ◯ →テーマNo.35

記載の通りだ。

🔥02 ✕ →テーマNo.35

非水溶性の第1石油類（例はガソリン）の指定数量は200ℓなので、

$\dfrac{2,000}{200}=10$倍となる。

🔥03 ✕ →テーマNo.35

アルコール類の指定数量は400ℓなので、2,000／400＝5倍となる。

🔥04 ✕ →テーマNo.35

非水溶性の第2石油類（例は軽油や灯油）の指定数量は1,000ℓなので、
2,000／1,000＝2倍となる。

🔥05 ✕ →テーマNo.35

水溶性の第3石油類（例はエチレングリコール）の指定数量は4,000ℓなの
で、2,000／4,000＝0.5倍となる。

🔥06 6.5倍→テーマNo.35

各危険物の指定数量とその倍数の計算は次のように求められるぞ。まず個別
の指定数量を求めてから、全体を合計するんだ。

重油 ： $\dfrac{4,000}{2,000}=2$

軽油 ： $\dfrac{500}{1,000}=0.5$

ガソリン ： $\dfrac{600}{200}=3$

灯油 : $\dfrac{1,000}{1,000}=1$

よって、2+0.5+3+1＝6.5

🔥 **07** 18倍→テーマNo.35

各危険物の指定数量とその倍数の計算は次のように求められるぞ。

アセトン : $\dfrac{800}{400}=2$

氷酢酸 : $\dfrac{4,000}{2,000}=2$

二硫化炭素 : $\dfrac{500}{50}=10$

エタノール : $\dfrac{1,600}{400}=4$

よって、2+2+10+4＝18

🔥 **08** ✕→テーマNo.36

取扱うときだけではなく、立会いや移送する際にも携帯しなければならない。

🔥 **09** ✕→テーマNo.36

無資格者の危険物取扱作業に立ち会えるのは、甲種・乙種の資格者で、丙種資格者は立ち会うことができないぞ！

🔥 **10** ✕→テーマNo.36

再発行の申請は、交付または書換えをした都道府県知事に申請するんだ。

🔥 **11** ✕→テーマNo.36

「遅滞なく」ではなく、「10日以内に」、再発行を受けた都道府県知事に発見した免状を提出しなければならない。

🔥 **12** ◯→テーマNo.36

書換えと再発行の申請先の違い、改めて確認しておくんだ！

🔥 **13** ✕→テーマNo.37

現に危険物取扱作業に従事している場合の保安講習の受講は、3年に1回だ！

🔥 **14** ✕→テーマNo.37

現に危険物取扱作業に従事していない場合、保安講習の受講は不要だ！

🔥 **15** ○→テーマNo.37

記載の通りだ。

🔥 **16** ×→テーマNo.36

免状の不交付要件は、以下2つあるぞ。①免状返納命令を受けて返納してから1年経過しない者、②罰金以上の刑でその執行を終わって2年を経過しない者だ。

🔥 **17** ×→テーマNo.37

保安監督者になれるのは、甲・乙種の資格者で、実務経験6か月以上の者だから、丙種資格者はなることができないぞ！

問題 Lv.2

🔥 **18** 予防規程を作成したり、変更したりしたときは、消防長・消防署長に認可を受けなければならない。

🔥 **19** 危険物施設を譲渡または引渡をするときは、10日前までに、市町村長等に届出なければならない。

🔥 **20** 危険物の位置・構造または設備の変更で、変更工事に係る部分以外の部分を完成検査前に仮に使用することを仮使用といい、消防長・消防署長に承認を受けなければならない。

🔥 **21** 指定数量以上の危険物を10日以内の期間仮に貯蔵し取扱うことを、仮貯蔵・仮取扱といい、市町村長等に許可を受けなければならない。

🔥 **22** 危険物保安統括管理者・危険物保安監督者の選任または解任は、遅滞なく市町村長等に届出なければならない。

🔥 **23** 製造所等を設置するときは、市町村長等の認可を受けなければならない。

🔥 **24** 製造所等を譲り受けたときは、市町村長等に届出なければならない。

🔥 **25** 製造所等を廃止するときは、市町村長等の承認を受けなければならない。

🔥 **26** 製造所等にある危険物の倍数を変更するときは、直ちに市町村長等へ届出なければならない。

🔥 **27** 製造所等の位置・構造または設備を変更するときは、都道府県知事の許可が必要である。

🔥 **28** 乙種危険物取扱者が免状に指定された類以外の危険物を取り扱う場合、甲種危険物取扱者または当該危険物を取り扱うことができる乙種危険物取扱者の立会いを必要とする。

🔥29 丙種危険物取扱者が取り扱える危険物は、ガソリン、灯油、軽油、第3石油類（重油、潤滑油及び引火点130℃以上のものに限る。）、第4石油類及び動植物油類である。

🔥30 危険物取扱者以外の者は、甲種、乙種及び丙種の免状を有している者の立会いを受ければ、危険物を取り扱うことができる。

🔥31 製造所等の所有者等の指示があった場合は、危険物取扱者以外の者でも、危険物取扱者の立会いなしに、危険物を取り扱うことができる。

🔥32 危険物保安監督者に選任された危険物取扱者は、すべての危険物を取扱うことができる。

🔥33 危険物保安監督者は、6か月の実務経験がある、甲種・乙種・丙種危険物取扱者から任命される。

🔥34 危険物保安監督者は、危険物施設保安員の指示に従い行動しなければならない。

🔥35 危険物保安監督者がいらないのは、地下タンク貯蔵所である。

解説 Lv.2

🔥18 ✕→テーマNo.38
予防規程は、市町村長等の「認可」を受けなければならないぞ！　認可は、予防規程のみなので、間違えないように！！

🔥19 ✕→テーマNo.32
「10日前まで」ではなく、「遅滞なく」が正解だ！

🔥20 ✕→テーマNo.32, 33
仮使用の承認は、市町村長等に申請するんだ。

🔥21 ✕→テーマNo.32, 33
仮貯蔵・仮取扱は、消防長または消防署長の承認が必要だ。

🔥22 ◯→テーマNo.32, 37
記載の通りだ。この他、危険物施設保安員については、取扱危険物の指定数量が規定値を超える場合には選任が必要だが、届出は不要という点は忘れるなよ！！

🔥23 ✕→テーマNo.32
製造所等の設置は、市町村長等の許可が必要だ。

🔥 **24** ◯→テーマNo.32

記述の通りだ。なお、「遅滞なく」届け出ることを合わせて確認するんだ！！

🔥 **25** ✕→テーマNo.32

製造所等の廃止は、市町村長等への届出が必要だ。承認ではないぞ。くどいようだが、「承認」は、仮使用、仮貯蔵・仮取扱の2つだけだからな！！

🔥 **26** ✕→テーマNo.32

「直ちに」ではなく、「変更しようとする日の10日前まで」に届け出る必要があるぞ。

🔥 **27** ✕→テーマNo.32

「都道府県知事」ではなく、「市町村長等」が正解だ。

🔥 **28** ◯→テーマNo.36

記載の通りだ。例えば、乙種第4類危険物取扱者の免状を持っていても、第1類危険物を取扱うことはできない（無資格者）から、当該危険物を取扱うことができる危険物取扱者（例でいえば、甲種または乙1の資格者）の立会いが必要になるぞ。

🔥 **29** ◯→テーマNo.36

記載の通りだ。アルコール類やガソリン以外の第1石油類は取り扱えないことも、併せて確認しておくんだ！

🔥 **30** ✕→テーマNo.36

無資格者の危険物取扱作業に立ち会えるのは甲種と乙種の資格者だから、丙種は立ち会うことができないぞ！

🔥 **31** ✕→テーマNo.36

このような規定は存在しないから✕だ。無資格者の危険物取扱作業の立会いの要件を再度確認しておこう！

🔥 **32** ✕→テーマNo.37

危険物保安監督者は、現場責任者的なイメージだとテキストで説明したはずだ。危険物施設の中では責任者的なポジションかもしれないが、取り扱うことができる危険物については、甲種危険物取扱者以外は、免状に記載された指定類の危険物しか取り扱うことはできないぞ。

第7章　危険物に関する資格・制度を学ぼう

33 ✕ →テーマNo.37

丙種危険物取扱者は、危険物保安監督者にはなれないぞ。

34 ✕ →テーマNo.37

記載が逆になっているぞ。「危険物施設保安員」は「危険物保安監督者」の指示に従い行動するんだ。

35 ✕ →テーマNo.37

地下タンク貯蔵所ではなく、移動タンク貯蔵所（タンクローリー）だ。

（問題 Lv.3）

36 すべての製造所等の危険物保安監督者は、製造所の位置・構造及び設備を、技術上の基準に適合するように維持管理する義務がある。

37 危険物保安監督者を必ず選任しなければならないのは、製造所・屋外タンク貯蔵所・給油取扱所・移送取扱所である。

38 予防規程は、危険物保安監督者が作成する。

39 予防規程は、運転操作、保安教育、自衛消防組織に関するもの等を規程する。

40 危険物保安監督者が旅行・疾病等によって職務を行うことができない場合には、そのとき、代行者の選出をする。

41 予防規程は、市町村長等の承認が必要である。

42 セルフスタンドで予防規程を策定するときは、従業員の監視、その他の保安措置等について規程する。

43 危険物保安統括管理者は、危険物取扱者免状を持っている者の中から選任される。

44 定期点検の記録は、5年間保存する。

45 定期点検は、3年に1回以上実施する。

46 定期点検で記録するのは、製造所の名称・点検方法と結果・点検実施者・点検年月日である。

47 定期点検が必ず必要なものは、地下タンク貯蔵所・移動タンク貯蔵所・製造所である。

48 指定数量の倍数が100の屋内貯蔵所には、危険物施設保安員を定めなければならない。

49 危険物施設保安員は、甲種または乙種危険物取扱者でなければならない。

🔥**50** 製造所等の所有者は、危険物施設保安員を定めたときは、遅滞なくその旨を市町村長等に届け出なければならない。

🔥**51** 危険物施設保安員は、製造所等の構造及び設備に係る保安のための業務を行う。

🔥**52** 危険物施設保安員は、危険物保安監督者が旅行、疾病その他事故によってその業務を行うことができない場合にその業務を代行しなければならない。

解説 Lv.3

🔥**36** ✕→テーマNo.37
技術上の基準に適合するように維持管理する義務は、製造所等の所有者等に課せられているんだ！

🔥**37** ◯→テーマNo.37
記載の通りだ。併せて35の解説にある、危険物保安監督者が不要となる製造所等についても確認しておくんだ！

🔥**38** ✕→テーマNo.38
予防規程の策定は、製造所等の所有者が行うんだ。

🔥**39** ◯→テーマNo.38

🔥**40** ✕→テーマNo.38
危険物保安監督者を決めるときに、同時に、代行者についても選出しておくんだ。突発的な感じではなく、あらかじめ決めておくというわけだ！

🔥**41** ✕→テーマNo.38
市町村長等の「認可」が必要だ。認可は、予防規程のみのフレーズだから、間違えないように！！

🔥**42** ✕→テーマNo.38
従業員の監視ではなく、給油する顧客（おそらく無資格者）の監視について規程するんだ。

🔥**43** ✕→テーマNo.37
危険物保安統括管理者は資格不要だぞ！　併せて、危険物施設保安員も不要で、危険物保安監督者は、甲種または乙種の資格者で実務経験6か月以上の者から選出されることを確認しておくんだ！

🔥**44** ✕→テーマNo.40
記録の保存は、5年間ではなく、3年間だ。

🔥 **45** ✕ →テーマNo.40

点検の実施は、3年ではなく、1年に1回以上だ。

🔥 **46** ◯ →テーマNo.40

記載の通りだ。ごくごく当たり前の内容だと分かるはずだ！

🔥 **47** ✕ →テーマNo.40

定期点検が必要な製造所等については、その逆（指定数量の倍数に関係なく不要となる製造所等）も確認しておきたいところだ。本問において必ず必要となる施設だが、カッコ内に考え方の理由を記載しておくぞ。理解が大切だ！

・地下タンク貯蔵所（普段目視できないからこそ、必ず定期に実施しよう）
・移動タンク貯蔵所（タンクローリーとして、街中を走る車で多くの人を巻き込むリスクがあるからこそ、必ず定期に実施しよう）

🔥 **48** ✕ →テーマNo.37

危険物施設保安員を定めなければならないのは、次の2種類だから、屋内貯蔵所は選出不要だ。

①指定数量の倍数が100以上の製造所か一般取扱所
②すべての移送取扱所

🔥 **49** ✕ →テーマNo.37

危険物施設保安員は資格不要だ。

🔥 **50** ✕ →テーマNo.37

危険物施設保安員の選出が必要な施設では、選出義務があるが、届出義務はないぞ。この点は間違える受験生が多いから、気を付けてくれ！！

🔥 **51** ◯ →テーマNo.37

記載の通りだ。

🔥 **52** ✕ →テーマNo.37

危険物保安監督者には選任要件があるが、危険物施設保安員にはそれがないのだから、危険物施設保安員が危険物保安監督者の業務代行はできないぞ！！

第 **8** 章

製造所等の
設置基準を学ぼう

本章では、危険物施設（全部で12施設）に関する設置基準を学習するぞ。まんべんなく学習するのではなく、保安距離と保有空地の必要な施設を中心に学習すると良いぞ。「敷地内距離」が唯一必要な施設や、危険物保安監督者が不要な施設など、特徴的なフレーズを中心に、細かい数値も出題されているから、要注意だ！

No. 42 /55 安全を確保するための距離

このテーマでは保安距離と保有空地の概要を中心に見ていくぞ！ 保安対象物からの距離（何m必要か？）が頻出だ！ 対象となる製造所等は、保安距離が5施設で、保有空地は保安距離の施設＋2だ！！

Step1 図解 目に焼き付けろ！

保安距離と保有空地

保有空地が必要

保安距離が必要

製造所

屋内貯蔵所

簡易タンク貯蔵所

屋外タンク貯蔵所

屋外貯蔵所

移送取扱所

一般取扱所

どちらも必要なし

屋内タンク貯蔵所

地下タンク貯蔵所

移動タンク貯蔵所

給油取扱所

販売取扱所

まずは、どの施設に保安距離、保有空地が必要か押さえていこう。次に、その幅などについても覚えていこう。

Step2 解説 爆裂に読み込め！

→ 保安距離とは？

　危険物を取扱う製造所等から、学校・病院等の保安対象物に対して保たなければならない距離を保安距離というんだ。この制度の趣旨は、危険物施設での火災や事故が発生したときに、避難するために必要な一定距離を取ることにあるんだ。

> つまり、逃げ遅れそうな人のいる建物や、二度と復元できないかもしれない重要文化財はそれなりの距離を取るということですか？

　その通りだ。保安距離は保安対象物ごとに規程されている。

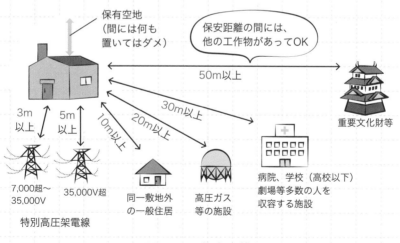

図42-1：保安距離

保安距離を取らなければならない施設は、製造所、屋内貯蔵所、屋外貯蔵所、屋外タンク貯蔵所、一般取扱所の5施設だ。

⊙ 保有空地とは？

先ほどの図に記載されているが、消火活動を円滑に進め、また、延焼防止のために危険物施設の周囲に確保するべき空地のことを保有空地というんだ。保有空地にはいかなる物品も置くことができず、保有空地が必要な施設は、製造所、屋内貯蔵所、屋外貯蔵所、屋外タンク貯蔵所、一般取扱所、簡易タンク貯蔵所、移送取扱所の7施設だ。

> 保安距離のように、保有空地も「何m以上」みたいな距離が決められているんですか？

保有空地の幅は、貯蔵・取扱う危険物の数量や施設構造によって違っていて、製造所等の種類や、取扱う危険物の指定数量の倍数ごとに、細かく規定されているんだ。このあとの学習でざっくり覚えてほしいが、保安距離の数値よりは出題頻度が低いぞ！

> 保安距離と保有空地の必要な施設はたくさんあって覚えるのが大変だが、保有空地の必要な施設は、「保安距離が必要な施設（5施設）＋2施設（簡易タンク貯蔵所、移送取扱所）」だと整理しておこう！！

Step3 暗記 → 何度も読み返せ！

□ 保安対象物に対して危険物施設から保たなければならない一定の距離を［保安距離］といい、対象となるのは製造所、［屋内貯蔵所］、屋外貯蔵所、［屋外タンク貯蔵所］、一般取扱所である。

□ 保安距離として必要とする距離は、保安対象物が一般住宅には［10］m以上、学校、病院には［30］m以上、重要文化財や史跡には［50］m以上となっている。

□ 消火活動を円滑に進め、延焼防止のために危険物施設の周囲に確保するべき空地を［保有空地］という。

□ 保有空地の必要な施設は、保安距離が必要な施設に、［簡易タンク貯蔵所］と［移送取扱所］を加えた計［7］施設である。

No. 43 /55 製造所等の名札？ 標識と掲示板

このテーマでは、製造所等に掲示するべき標識と掲示板について学習するぞ。出題されるのは、①色と②寸法だ。イラストでイメージをつかんでほしいが、試験では文章で出題されているから、読み間違いに気を付けるんだ！

Step1 図解 目に焼き付けろ！

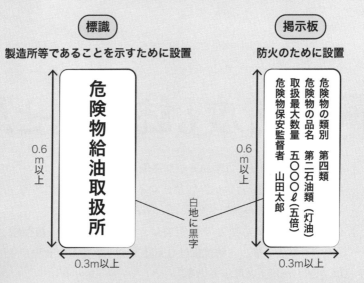

標識

製造所等であることを示すために設置

危険物給油取扱所

0.6m以上

0.3m以上

白地に黒字

掲示板

防火のために設置

危険物の類別　第四類
危険物の品名　第二石油類（灯油）
取扱最大数量　五〇〇〇ℓ（五倍）
危険物保安監督者　山田太郎

0.6m以上

0.3m以上

標識の記載事項と取扱う危険物による掲示板の記載事項、地の色と文字色の違いが頻出だ！　まずはイメージをつかむことを意識しよう！

Step2 解説 爆裂に読み込め！

危険物施設の標識の一例

危険物を取扱う製造所等には、原則として、外部への周知（「気を付けてください」と知らしめることだ！）をするための、標識および掲示板を掲げる必要があるんだ。

標識は、危険物を取り扱っている製造所等であることを示したもので、幅0.3m以上、長さ0.6m以上の白地に黒文字で記載しなければならないぞ。

> そういえば、移動タンク貯蔵所にも標識が必要でしたね。

その通り、よく覚えていたな！　移動タンク貯蔵所に特有の標識があるんだ。0.3〜0.4m四方の黒地に黄色文字で「危」と書かれた標識を車両前後の見えやすい箇所に掲示する必要があるぞ。

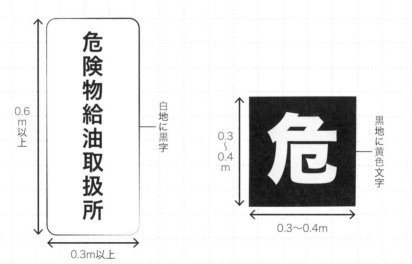

危険物給油取扱所

0.6m以上

白地に黒字

0.3m以上

危

0.3〜0.4m

黒地に黄色文字

0.3〜0.4m

図43-1：標識

第8章　製造所等の設置基準を学ぼう

➡ 危険物施設の掲示板（色の違いに要注意!!）

　危険物を取扱う製造所等には、防火のために、取り扱う危険物に関する掲示板を掲示しなければならないぞ。掲示板には、①危険物の内容を示したものと、②その内容の性状に応じた注意事項を示したものがある。

◆危険物の内容を示す掲示板

　危険物の内容を示す掲示板には、次のような内容を示す必要がある。

> ・危険物の類別
> ・危険物の品名
> ・貯蔵または取扱最大数量と指定数量の倍数
> ・危険物保安監督者の氏名または職名

◆危険物の性状に応じた注意事項を示す掲示板

　また、危険物の性状に応じて注意事項を表示する掲示板も設置する必要がある。皆さんが取得を目指す第4類危険物であれば、「火気厳禁」だ。他の類で特徴的なのは、「禁水」（第3類のアルカリ金属など）と「火気注意」だ。

　サイズは標識と同じで、幅0.3m以上、長さ0.6m以上だ。

表43-1：性状に応じた注意事項

危険物	性状	注意事項
第1類、第6類	酸化性物質	可燃物接触注意
第2類	可燃性固体	火気注意
	引火性固体	火気厳禁
第3類	自然発火性物質	空気接触厳禁、火気厳禁
	禁水性物質	禁水
第4類	引火性液体	火気厳禁
第5類	自己反応性物質	火気厳禁、衝撃注意

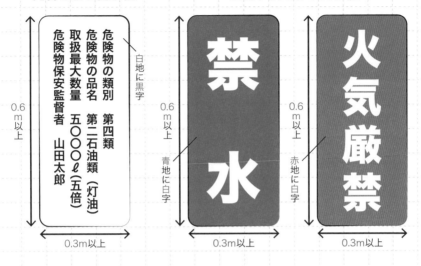

危険物の類別　第四類
危険物の品名　第二石油類（灯油）
取扱最大数量　五〇〇〇ℓ（五倍）
危険物保安監督者　山田太郎

白地に黒字

0.6m以上

0.3m以上

注意事項を示す掲示板

禁水

0.6m以上

青地に白字

0.3m以上

火気厳禁

0.6m以上

赤地に白字

0.3m以上

図43-2：掲示板の一例

Step3 暗記 何度も読み返せ！

- ☐ 危険物を取扱う製造所等に設けるべき標識は、幅 [0.3] m以上、長さ [0.6] m以上で、[白] 地に [黒] 文字で必要事項を記載しなければならない。
- ☐ 掲示板は、取扱う危険物の性状に応じて色が異なるが、アルカリ金属を取扱う場合、[禁水] と書かれた幅0.3m以上長さ0.6m以上の [青] 地に [白] 文字の掲示板を掲げる。
- ☐ 第4類危険物を取扱う製造所は、[火気厳禁] の [赤] 地に [白] 文字の掲示板を掲げる。

No. 44 /55 消火と警報のための設備

このテーマでは、消火設備と警報設備について学習するぞ。消火設備は燃焼・消火理論として出題されることもあるぞ。警報設備は本テーマで記載の内容を最低限理解してほしいところだ。共に基本事項を中心に見ていくぞ！

Step1 図解 目に焼き付けろ！

消火設備

消火栓

第1種 ～

～ 第5種

警報設備

指定数量10倍以上

自動火災
報知設備

その他の
警報設備

消火設備は、危険物の性質に関する部分での出題も考えられるが、法令としても出題されているんだ！細かな内容よりも、大事なのは「第○類は～」と、シンプルに答えられることだ！

Step2
解説 爆裂に読み込め!

→ 消火設備は「第○種は〜」とだけ覚える

法令として押さえておきたいのは、第1種〜第5種までの消火設備が何なのか、ということだ。なお、地下タンク貯蔵所と移動タンク貯蔵所には、第5種消火設備を2個以上設置することは先述しているけど、忘れないようにな!

表44-1：消火設備

第1種消火設備	屋内消火栓設備または屋外消火栓設備
第2種消火設備	スプリンクラー設備
第3種消火設備	水蒸気や水噴霧、泡、ハロゲン化物、二酸化炭素、消火粉末等
第4種消火設備	大型消火器
第5種消火設備	小型消火器、乾燥砂、水バケツ

第1種

屋内・外消火栓設備

第2種

スプリンクラー設備

第3種

消火粉末設備等

第4種

大型消火器

第5種

小型消火器

乾燥砂、水バケツ

図44-1：消火設備

なお、消火設備は、それぞれの物質の性質に合ったものを選ばなければならない！　例えば、天ぷら油の火災に水を使ってしまうと、油がはねて、かえって火災を広げてしまうこともあるんだ。第4類危険物に適した消火設備について、次の表に示したぞ。

表44-1：消火設備と第4類危険物の適応表

消火設備の区分			第4類の危険物
第1種	屋内・屋外消火栓		×
第2種	スプリンクラー		×
第3種	水蒸気または水噴霧		○
	泡		○
	二酸化炭素		○
	ハロゲン化物		○
	粉末消火設備	りん酸塩類等を使用	○
		炭酸水素塩類等を使用	○
		その他のもの	×
第4、5種	棒状の水		×
	霧状の水		×
	棒状の強化液		×
	霧状の強化液		○
	泡		○
	二酸化炭素		○
	ハロゲン化物		○
	消火粉末	りん酸塩類等を使用	○
		炭酸水素塩類等を使用	○
		その他のもの	×
第5種	水バケツ又は水槽		×
	乾燥砂		○
	膨張ひる石または膨張真珠岩		○

➡ 警報設備は5種類！　指定数量10倍以上で設置義務あり

指定数量10倍以上の危険物を貯蔵し、取扱う製造所等（移動タンク貯蔵所を

除く）には、火災が発生したときに自動的に作動する火災報知設備、もしくは
その他の警報設備を設けなければならないぞ。警報設備の設置基準は、取扱・
貯蔵危険物の量、製造所等ごとに細かく規定されているけど、まずは、指定数
量10倍以上の危険物を貯蔵、取扱う場合の規定を覚えておくんだ！

自動火災報知設備

非常ベル

拡声装置

消防機関に報知できる電話

警鐘

図44-2：自動火災報知設備と警報設備

Step3 暗記 → 何度も読み返せ！

- □ 第4種消火設備は［大型］消火器、第5種消火設備は［小型］消火器
  である。
- □ 第2種消火設備は［スプリンクラー］設備である。
- □ 指定数量が10倍以上の危険物を取扱う製造所等には、［警報］設備と
  避雷設備を設けなければならない。ただし、［移動タンク貯蔵所］は
  除外されている。
- □ 警報設備には、自動火災報知設備、［非常ベル装置］、拡声装置、消
  防機関へ報知できる電話、［警鐘］がある。

第8章 製造所等の設置基準を学ぼう

製造所

このテーマでは製造所等の設置基準、構造・設備を学習するぞ！ 保安距離・保有空地が両方定められていて、保有空地の幅は、取扱う危険物の指定数量の倍数で違ってくるぞ！イラストでイメージをつかむんだ！！

Step1 図解 目に焼き付けろ！

製造所の設置基準

- 避雷設備（指定数量10倍以上）
- 採光設備
- 換気設備
- 蒸気の排出設備
- 屋根は軽い不燃材
- 壁・柱・床・はり・階段は不燃材
- 標識と掲示板
  - 「危険物製造所」 「火気厳禁」
- 防火戸
- 網入りガラス窓
- 内部の設備は防爆構造
- 床は危険物が浸透しないもの
- 保有空地
- 地下室はなし
- 貯留設備（ためます等）
- 床には適当な傾斜をつける

これから学習する製造所の設置基準は、このあと学習する各種の貯蔵所・取扱所と似ていることが多いから、製造所の基準を理解することが特に重要だ。

238

Step2 解説 爆裂に読み込め!

➡ 製造所の設置基準はすべての基礎!

危険物を製造する目的で、指定数量以上の危険物を取扱う施設を、製造所というんだ。製造所は左のページに示した構造を備えている必要があるぞ。

製造所には、取扱う危険物の数量に応じた、保有空地の幅が定められている。また、政令で定める保安距離も確保しなければならない（テーマ42参照）。

表45-1：製造所が確保すべき保有空地の幅

指定数量の倍数	保有空地の幅
10倍以下	3m以上
10倍を超える	5m以上

Step3 暗記 何度も読み返せ!

- □ 製造所に設ける保有空地の幅は、取扱う危険物の指定数量倍数が10以下のときは［3m］以上、10を超えるときは［5m］以上となる。
- □ 指定数量の倍数が10以上の場合、［避雷設備］を設ける。
- □ 製造所には［地下室］を設けてはならない。
- □ 製造所の床には傾斜をつけ、［貯留設備］を設ける。
- □ 製造所の壁・柱・床・はり・階段は［不燃材料］でつくる。

第8章 製造所等の設置基準を学ぼう

合格という夢は逃げない、逃げるのは自分だ

屋内貯蔵所と屋外貯蔵所の設置基準、構造・設備を学習するぞ！ 前テーマの製造所の基準をベースに、それぞれの共通点と違い（特徴的なフレーズ）に注目しよう！

Step1 図解 目に焼き付けろ！

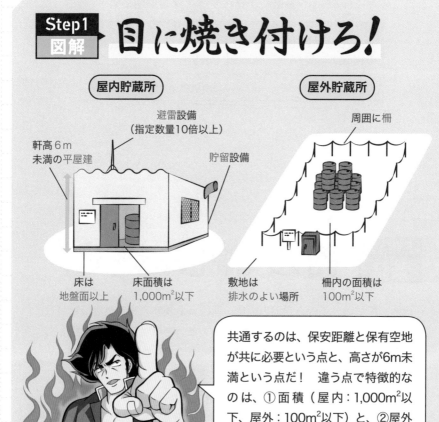

屋内貯蔵所

避雷設備
（指定数量10倍以上）

軒高6m
未満の平屋建

貯留設備

床は
地盤面以上

床面積は
1,000m²以下

屋外貯蔵所

周囲に柵

敷地は
排水のよい場所

柵内の面積は
100m²以下

共通するのは、保安距離と保有空地が共に必要という点と、高さが6m未満という点だ！ 違う点で特徴的なのは、①面積（屋内：1,000m²以下、屋外：100m²以下）と、②屋外貯蔵所の場合は貯蔵できる危険物に制限がある、という点だ。

Step2 解説 爆裂に読み込め！

➡ 屋内貯蔵所で特徴的な数値は2つ！

危険物を容器（ドラム缶やポリタンクなど）に入れて貯蔵している場所のことを、貯蔵所というんだ。このテーマでは、屋内貯蔵所と屋外貯蔵所についてみていくぞ。

製造所の基準をベースに、それぞれ異なる基準があるが、共に保安距離と保有空地を定める必要があるぞ。まずは、屋内貯蔵所の基準から学習するぞ。

◆構造・設備の基準

屋内貯蔵所は、次のような構造を備えている必要があるぞ。

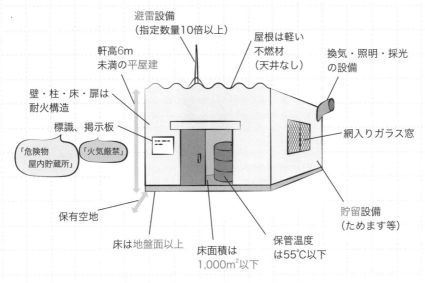

図46-1：屋内貯蔵所の設置基準

保有空地の幅は取り扱う危険物の指定数量の倍数と建物構造によって変わってくるものだが、非常に細かな数字で試験にはほとんど出ないので、製造所の分だけ覚えておこう（表45-1）。

屋外貯蔵所で特徴的な数値2つと、貯蔵可能危険物は必ず暗記だ!

屋外貯蔵所の設置基準は次の通りだ。屋内貯蔵所と同じものは、サラッと見ておき、違う点を中心に見ていこう。

構造・設備の基準

屋外貯蔵所は、次のような構造を備えている必要があるぞ。

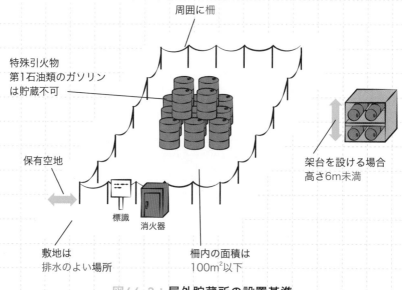

周囲に柵

特殊引火物
第1石油類のガソリン
は貯蔵不可

架台を設ける場合
高さ6m未満

保有空地

標識

消火器

敷地は
排水のよい場所

柵内の面積は
100m²以下

図46-2：屋外貯蔵所の設置基準

屋外は常温保管になるから、引火点の低い危険物の貯蔵はNGってことですか?

242

鋭いな。引火点0℃以上の危険物が貯蔵可能というわけだ。よって、特殊引火物と第1石油類のガソリンは貯蔵できない！ これ、超重要！！

Step3 暗記 何度も読み返せ！

□ 屋内貯蔵所の建物は、独立した専用建築物の［平屋建］で、内部床面積は［1,000］m²以下でなければならない。

□ 屋内貯蔵所の建物屋根は、［不燃材］でつくり、軒高は［6m未満］とし、床は［地盤面］以上でなければならない。

□ 屋外貯蔵所を設けるときは、その敷地は［排水のよい場所］とし、周囲に柵を設けること。このときの柵内部の面積は［100m²以下］であること。

□ 屋外貯蔵所で架台を設けるときは、高さ［6m未満］とすること。

□ 屋外貯蔵所では第4類危険物のうち、［特殊引火物］と［ガソリン］を貯蔵することができない（引火点［0］℃以上のものは貯蔵可能である）。

第8章 製造所等の設置基準を学ぼう

243

重要度： 🔥🔥🔥

屋外タンク・屋内タンク貯蔵所

このテーマでは、屋外タンク貯蔵所と屋内タンク貯蔵所の設置基準・構造・設備を学習するぞ！ 「タンク」の文字が入るだけで、前テーマで学習したものと大きく変わるんだ。屋外タンク貯蔵所は特に頻出だ！！

Step1 図解 目に焼き付けろ！

屋外タンク貯蔵所

屋内タンク貯蔵所

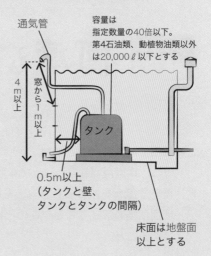

通気管

厚さ3.2mm
以上の鋼板

敷地内距離

敷地境界線

防油堤
（タンク容量の110%が
受けとめられる容量）

通気管

容量は
指定数量の40倍以下。
第4石油類、動植物油類以外
は20,000ℓ以下とする

4m以上

窓から1m以上

タンク

0.5m以上
（タンクと壁、
タンクとタンクの間隔）

床面は地盤面
以上とする

「敷地内距離」は、製造所等の中で屋外タンク貯蔵所のみに適用される基準だ！ 前テーマの屋内貯蔵所は保安距離と保有空地の対象であったが、本テーマの屋内タンク貯蔵所はどちらも対象外だ！

Step2 解説 爆裂に読み込め！

➔ 屋外タンク貯蔵所

屋外タンク貯蔵所では、保安距離と保有空地の他に、敷地内距離を確保する必要があるぞ。敷地内距離とは、隣接敷地への延焼防止のため、貯蔵タンク側板から敷地境界線までで確保すべき距離のことだ。この敷地内距離は、屋外タンク貯蔵所のみに義務付けられた規制なんだ。

◆ 構造、設備の基準

製造所と異なる点（安全装置、通気管、防油堤等）を中心に見ていくぞ！

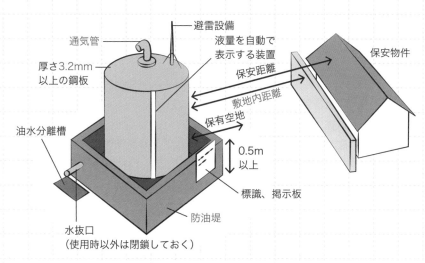

図47-1：屋外タンク貯蔵所の構造、設備

表47-1：タンクの構造、設備の基準

屋外タンク貯蔵所のタンク	・タンクには、厚さ3.2mm以上の鋼板を使用する ・危険物量を自動表示する装置を設ける ・タンクの周囲に防油堤を設ける ・ポンプ設備には、原則として3m以上の空地を確保する ・避雷設備を設ける（指定数量10倍以上の場合）

圧力タンク	・安全装置を設ける ・圧力タンクは、最大常用圧力の1.5倍の圧力で10分間行う水圧試験に合格したものであること
圧力タンク以外のタンク	・通気管を設ける

【防油堤に関する規定】

・高さは0.5m以上とする
・容量は、タンク容量の110%以上とする。タンクが2基以上がある場合は、最大タンクの容量の110%以上とする
・鉄筋コンクリートか土でつくり、危険物の流出を防ぐ構造で、防油堤の外側で操作できる弁付の水抜口を設ける
・防油堤面積は80,000m²以下（高さ0.5m以上）で、設置できるタンクの数は10基以内

> 防油堤容量が、なぜタンク容量の110%以上なのか理解してほしいぞ。もし事故が発生してタンクから危険物が漏えいしたら、防油堤の意味をなさないよな。そして、液体危険物は温度上昇で体積が増える（体膨張）するから、適度な大きさということで、最大容量＋10%の110%以上となっているんだ。

⊙ 屋内タンク貯蔵所

　屋外タンク貯蔵所と異なり、保安距離と保有空地の規制がないぞ。前テーマの屋内・屋外貯蔵所は、保安距離と保有空地の規制対象だったから、混同しないように要注意だ。

◆構造、設備の基準
　屋内貯蔵所の構造、設備は、基本的に製造所に準じているぞ。次の図に基準をまとめたので、製造所の基準と異なる点に注意しながら確認しよう。

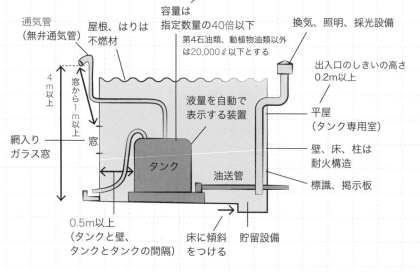

図47-2：屋内タンク貯蔵所の構造、設備

Step3 暗記 何度も読み返せ！

- ☐ 屋外タンク貯蔵所は、保安距離と保有空地の規制の他、[敷地内距離] の規制が、12ある製造所等の中で唯一対象となっている。
- ☐ 屋外タンク貯蔵所の構造は、厚さ [3.2mm] 以上の [鋼板] とする。
- ☐ 液体危険物を貯蔵する場合、屋外タンク貯蔵所の周囲には [防油堤] を設ける必要がある。この防油堤は、タンク容量の [110%] 以上で高さ [0.5m] 以上である必要がある。
- ☐ 屋内タンク貯蔵所は、[保安距離と保有空地] の規制対象外である。
- ☐ 屋内貯蔵タンクの容量は、指定数量の [40倍] 以下である。ただし、第4石油類と動植物油類以外の第4類危険物を取扱う場合は、[20,000ℓ] 以下である。

移動タンク貯蔵所

このテーマでは、移動タンク貯蔵所について学習するぞ。保安距離と保有空地の規制対象外で、さらに、危険物保安監督者の選任も不要だ。タンクにかかる容量の数値が頻出だ、間違えやすい箇所なので、注意して見ていくぞ！

Step1 図解 目に焼き付けろ！

移動タンク貯蔵所

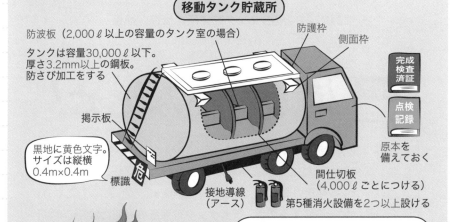

防波板（2,000ℓ以上の容量のタンク室の場合）

タンクは容量30,000ℓ以下。厚さ3.2mm以上の鋼板。防さび加工をする

防護枠　側面枠

完成検査済証

点検記録

原本を備えておく

掲示板

黒地に黄色文字。サイズは縦横0.4m×0.4m

標識

接地導線（アース）

間仕切板（4,000ℓごとにつける）

第5種消火設備を2つ以上設ける

点検記録と完成検査済証はひっかけ問題が出題されたことがある。「紛失防止のため、原本は事務所で、写しを移動タンク貯蔵所内に保管する」という内容だったが、移動タンク貯蔵所内には原本を保管するんだ。

248

Step2 解説 爆裂に読み込め！

➡ 移動タンク貯蔵所は3つの容量の混同に注意しろ!!

車両に固定されたタンクに危険物を貯蔵し、または取扱う施設を移動タンク貯蔵所というぞ。一般的にはタンクローリー車として理解しておけば十分だ。

◆設置の基準

保安距離と保有空地の規制はないが、車両を常置する場所については、次の細かい規制があるぞ。

・屋外に常置する場合は、防火上安全な場所であること

・屋内に常置する場合は、耐火構造または不燃材料で造った建築物の1階

・常置する場所では、危険物をタンク内に貯蔵したまま駐車してはならない

・移動タンク貯蔵所を常置する場所の設置・変更には、市町村長等の許可が必要

Step3 暗記 何度も読み返せ！

☐ 移動タンク貯蔵所は、[保安距離] と [保有空地] の規制対象外で、[危険物保安監督者] の選任も不要である。

☐ タンク容量は [30,000] ℓ 以下で、貯蔵タンク内部は [4,000] ℓ 以下ごとに間仕切板を設け、容量 [2,000] ℓ 以上のタンクには防波板を設ける必要がある。

☐ 移動タンク貯蔵所の車両前後には、[0.4m] 四方の [黒] 地に [黄] 色文字の 「危」 の標識を掲げること。

第 **8** 章 製造所等の設置基準を学ぼう

このテーマでは、地下タンク貯蔵所について学習するぞ。試験では、タンク設置に関する細かい基準（数値と距離）が出題されているから、そこを覚えておけばOKだ！

Step1 図解 目に焼き付けろ！

地下タンク貯蔵所

地盤面との間隔は
0.6m以上

通気管（無弁通気管）

計量口（使用時以外は
閉じておく）

4m以上

第5種消火設備を
2つ以上設ける

漏えい検査管は
4ヵ所以上に
設置

他の
タンクとの
間隔は
1m以上

タンク室内面
との間隔は
0.1m以上

地下鉄、地下街
から10m以上離す

建築物の地下には設置しない

厚さ3.2mm以上の鋼板　　タンク室内には乾燥砂を詰める

移動タンク貯蔵所と同じで、第5種消火設備（小型消火器）を2つ以上備えておく必要があるぞ。他にも、タンク構造の厚さは屋外タンク貯蔵所と同じだし、通気管の高さは屋内タンク貯蔵所と同じだ！　似た数値が出てきたときは、一緒に覚えよう！

Step2 解説 爆裂に読み込め！

→ 地下タンク貯蔵所は、タンク設置にかかる基準（距離）が頻出だ！

　地盤面下に埋設されているタンクで、危険物を貯蔵、取扱う施設を、地下タンク貯蔵所というんだ。保安距離と保有空地の規制がないぞ。設置基準は左の図で覚えるんだ！

 漏えい検査管って、なんのために設置するんですか？

　湿気の多い地下では、タンクが劣化する可能性が高いうえ、地下ということで大きな変化に気付きにくいため、異変が見つかったときには大事に発展していたということが往々にしてあるんだ。そこで、肉眼では確認できない引火性蒸気の発生（漏えい）を観測するために設置しているんだ。

Step3 暗記 何度も読み返せ！

- ☐ 地下タンク貯蔵所を設置する場合、タンクと室内面は［0.1m］以上間隔をあけ、周囲に乾燥砂を詰める。
- ☐ タンク頂部は地盤面から［0.6m］以上、タンクを複数設置する場合は［1m］以上間隔をあけること。
- ☐ タンク周囲には4ヵ所以上［漏えい検査管］を設け、第5種消火設備を［2つ］以上設ける。

第 **8** 章　製造所等の設置基準を学ぼう

簡易タンク貯蔵所

このテーマでは、簡易タンク貯蔵所について学習するぞ。保安距離の規制はないが、保有空地については、設置する箇所が屋内か屋外かで一定の距離を確保する必要があるぞ。細かい違いだが、結構出題されているからしっかり見ていくぞ！！

Step1 図解 目に焼き付けろ！

簡易タンク貯蔵所

通気管
（無弁通気管）

容量600ℓ以下

設置できるタンクは3基まで。
同じ品質の危険物は複数設置できない

1.5m以上

給油ホース 5m以下

厚さ3.2mm の鋼板

0.5m以上

タンク専用室の壁

1基あたりの容量と、保有空地の数値が頻出だ！

Step2 解説　爆裂に読み込め！

➡ 簡易タンク貯蔵所

　簡易貯蔵タンクで危険物を貯蔵または取扱う施設を、簡易タンク貯蔵所という。

　保安距離の規制はないが、保有空地については、屋内設置の場合は0.5m以上、屋外設置の場合は1.0m以上確保する必要があるぞ。

表50-1：保有空地

屋内設置	0.5m以上
屋外設置	1m以上

Step3 暗記　何度も読み返せ！

- □ 簡易タンク貯蔵所の1基あたりの容量は[600]ℓである。
- □ 簡易タンク貯蔵所は[保安距離]の規制はないが、[保有空地]の規制対象となる。
- □ 簡易貯蔵タンクを屋内に設置する場合に確保すべき空地は[0.5]m以上、屋外に設置する場合は[1.0]m以上である。
- □ 簡易貯蔵タンクは、厚さ[3.2]mm以上の鋼板で気密に造り、先端の高さが地上[1.5]m以上の無弁通気管を設けること。

給油・販売取扱所

このテーマでは、給油取扱所と販売取扱所について学習するぞ。圧倒的に出題されているのは、給油取扱所だ。細かい距離と数値があるが、ある程度出題箇所は限定的だ！　販売取扱所は、第1、2種の違いを明確にしておくんだ！

Step1 図解 目に焼き付けろ！

給油取扱所

セルフ式の場合は
事故につながりにくい仕組みとする

地下タンク

給油空地を
10m以上×6m以上
確保する

容量無制限。
廃油タンクは
10,000ℓ以下。

販売取扱所

店舗は1階

販売は
容器入りのまま

第1種：指定数量15倍以下
第2種：指定数量15倍超～40倍以下

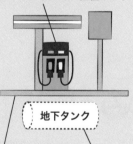

店員が給油する一般的なガソリンスタンドと、客が自ら給油するセルフ式とは分けて覚えるんだ。販売取扱所は、指定数量の倍数の違いによる第1種と第2種の区分を覚えれば十分だ！

Step2 解説 → 爆裂に読み込め！

→ 給油取扱所（1）一般的なガソリンスタンド

　固定給油設備で、自動車等の燃料タンクに直接給油するために取扱う施設が、給油取扱所だ。街中にあるガソリンスタンドがそれだが、（1）店員が給油するガソリンスタンドと（2）利用者自らが給油するガソリンスタンド（セルフ）で基準が少し異なるんだ。この点は、区別して覚えてほしい。では、まず（1）店員が給油するガソリンスタンドを見ていくぞ。

◆ 構造、設備の基準

　構造、設備の基準については、図を見てほしい。

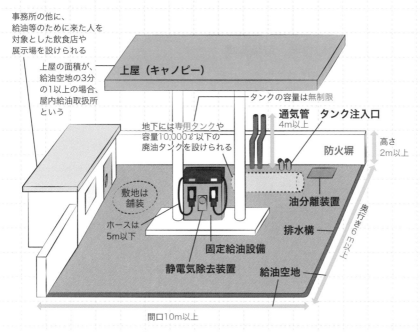

図51-1：給油取扱所の構造、設備基準

第 8 章 製造所等の設置基準を学ぼう

給油取扱所は、保安距離と保有空地の規制対象外だが、給油空地の保有が必要になるぞ。これは給油取扱所のみが対象となっている規制だ！

 覚える基準が多過ぎて、頭が痛いです…。もっとこう…分かりやすくなりませんか？

 一番の勉強法は、実物を見ることだ！　街中のガソリンスタンドに行ってみよう！　一般的なタイプと、この後学習するセルフ式、車を運転する人は実際に客として利用するときに、少し周囲に目を向けてほしいぞ。運転しない人は、近くまで行って観察するんだ！　確かに、これまで見てきた製造所等では、イラストを中心にイメージをつかむように話してきたが、やはり、実物を見るとイメージもつかめるし記憶に定着するはずだ。

◆ **給油取扱所での作業、取扱基準**
構造、設備上の基準以外にも、作業、取扱について基準がある。

・給油する際は、固定給油設備を使用して、自動車等に直接給油する
・給油する際は、自動車等のエンジンを停止し、給油空地からはみ出さない
・物品の販売は1階で行う（上の階だと、火災発生時に逃げ遅れるからだ！）
・給油取扱所には、必要事項を記載した幅0.3m×長さ0.6mの標識を掲示すること　（標識の詳細はテーマ43）

→ 給油取扱所（2）いわゆるセルフスタンド

　利用者が自ら給油作業を行う給油取扱所が、いわゆるセルフ式だ。前述した一般的なガソリンスタンドの基準のほかに、次の図に示した基準が加わるぞ。

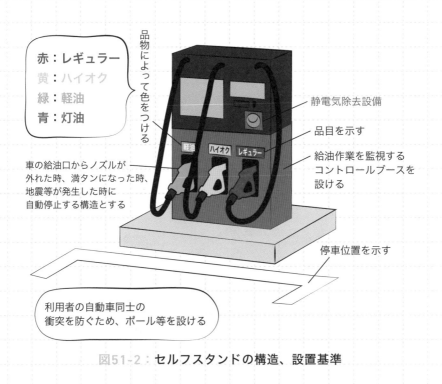

品物によって色をつける

赤：レギュラー
黄：ハイオク
緑：軽油
青：灯油

静電気除去設備

品目を示す

給油作業を監視する
コントロールブースを
設ける

車の給油口からノズルが
外れた時、満タンになった時、
地震等が発生した時に
自動停止する構造とする

停車位置を示す

利用者の自動車同士の
衝突を防ぐため、ポール等を設ける

図51-2：セルフスタンドの構造、設置基準

→ 販売取扱所は、第1種、2種の区分を覚える！

　店舗において、容器入りのまま販売するために危険物を取扱う施設を販売取扱所というぞ。取扱う危険物の指定数量の倍数によって、第1種販売取扱所（指定数量倍数15以下）と、第2種販売取扱所（指定数量倍数15超40以下）に分かれるぞ。共に保安距離と保有空地の規制対象外で、設置するのは建築物の1階に限定されているぞ！

表51-1：**販売取扱所の区分**

区分	取扱う危険物の指定数量倍数
第1種販売取扱所	15倍以下
第2種販売取扱所	15倍超〜40倍以下

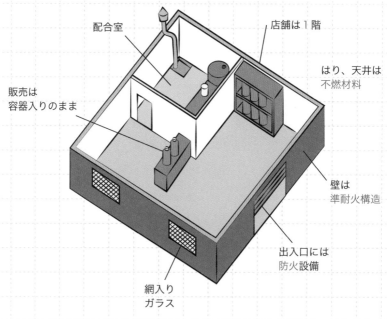

図51-3：**販売取扱所の構造、設置基準**

Step3 暗記 ▶ 何度も読み返せ！

☐ 給油取扱所に設けるべき給油空地は、間口 [10] m以上、奥行き [6] m以上である。

☐ 固定給油設備を使って自動車等に [直接] 給油するが、このとき、自動車等の原動機（エンジン）は、[停止] させる。

☐ 地下に設けるタンクの容量は [制限なし] で、廃油タンクの容量は [10,000] ℓ以下である。

☐ セルフ式の給油取扱所では、危険物の品目を示すときに、[色] も指定する。例えば、レギュラーガソリンであれば [赤]、軽油は [緑]、灯油は [青] である。

☐ 第1種販売取扱所の指定数量の倍数は [15以下] で、第2種販売取扱所のそれは15超 [40以下] である。

移送・一般取扱所

このテーマでは、移送取扱所と一般取扱所について学習するぞ。どちらも目立った特徴が無いから、それぞれの概要（共通事項：保有空地が必要　違い：一般取扱所は保安距離必要）をざっくりと見ておくんだ！

Step1 図解　目に焼き付けろ！

移送取扱所

一般取扱所

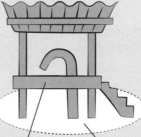

保有空地を設ける

配管には、伸縮吸収措置、漏えい防止措置、可燃性蒸気滞留防止措置を講じる

配管経路には、感震装置、耐震計、通報装置を設ける

安全確保のため、鉄道、道路のトンネル内、高速道路、河川区、貯水池などには設置できない

構造、設備の基準は製造所と同じ

保有空地、保安距離を設ける

本テーマの2施設は、細かな数値（面積、容量など）は出てこないんだ！

Step2 解説　爆裂に読み込め！

➡ 移送取扱所はパイプラインと理解しよう。

　配管やポンプ、これらに付属する設備によって危険物の移送を行う施設を移送取扱所というぞ。特に、①配管延長が15kmを超えるもの、②配管延長が7km以上でかつ、最大常用圧力が0.95MPa以上のものは、特定移送取扱所というんだ。構造、設備の基準については、左の図解を見てくれ。

➡ 一般取扱所は製造所の基準を準用している！

　指定数量以上の危険物を取扱う施設のうち、給油取扱所、販売取扱所、移送取扱所以外の施設を一般取扱所というんだ。タンクへの注入や、塗装、印刷、ボイラー、バナーなどで危険物を扱う施設が対象だが、形態はさまざまだから「この施設」と決まっているわけではないぞ。保安距離と保有空地は共に規制対象だ。

Step3 暗記　何度も読み返せ！

- [ ] 配管及びポンプ並びにこれらに付属する設備によって、危険物を移送する施設を［移送取扱所］といい、［保安距離］の規制はないが、［保有空地］の規制対象である。
- [ ] 指定数量以上の危険物を取扱う施設のうち、給油取扱所、販売取扱所、移送取扱所以外の施設を［一般取扱所］といい、構造、設備の基準は［製造所］の基準を準用している。

第 **8** 章　製造所等の設置基準を学ぼう

261

No. 53 /55 貯蔵、運搬、移送の基準

このテーマでは、危険物の貯蔵、運搬、移送の基準を学習するぞ。基本となる原則と、一部例外を区別して覚えるんだ。なお、運搬と移送は似ているけど、全くの別物だ！　混同するなよ！！

Step1 図解 目に焼き付けろ！

貯蔵　　　　　　　運搬　　　　　　　移送

貯蔵の基準　　　　運搬の基準　　　　移送の基準
　　＋　　　　　　　＋　　　　　　　＋

共通基準

共通基準や各基準の原則は、言われればあたりまえの内容ばかりで、試験で出題されるのは、『例外』だ！　特に貯蔵の例外（異なる類の危険物の同時貯蔵）は頻出だ！

Step2 解説 爆裂に読み込め！

→ 貯蔵、運搬、移送に共通した基準

　危険物についての共通基準は、次の通りだ。見れば分かるが、あたりまえの内容ばかりだ。ひっかけ問題で数値の入れ替え問題が出題されたことがあるぞ。

【共通基準】

- ・許可、届出のあった危険物以外は取扱えない
- ・係員以外の出入り禁止
- ・みだりに火気を使用しない。火花等を発生させない
- ・常に整理、清掃。不必要なものを置かない
- ・貯留設備等にたまった危険物は、随時くみ上げる（あふれ防止）
- ・くず、かすなどは1日1回以上、安全な場所、方法で処理する
- ・危険物に応じた遮光、換気をする
- ・危険物が残存した設備等の修理は、完全に除去してから安全な場所で行う
- ・危険物を保護液中に保存している場合、露出させない
- ・温度、湿度、圧力に異常がないか監視する
- ・危険物の変質、異物混入、容器の破損、転倒等の防止

「くず、かすは1日1回以上廃棄や処理を行うこと」と、「ためます等に溜まった危険物の随時くみ上げ処理を行うこと」の頻度（「1日1回」と「随時」）を逆にする、ひっかけ問題に気を付けろ！

第 8 章 製造所等の設置基準を学ぼう

努力なきところに、実力はない

→ 貯蔵の基準は例外が頻出!

危険物を貯蔵するときは、次のような原則がある。

・貯蔵所内においては、危険物以外の物品の貯蔵は禁止
・原則として、類を異にする危険物の同時貯蔵は禁止
・屋内、屋外貯蔵所で危険物を貯蔵するときは、基準に適合する容器に収納
・計量口、水抜口、注入口の弁やフタは、使用時以外は常時閉鎖

　原則ある所、例外あり! 「原則として、類を異にする危険物の同時貯蔵は禁止」ではあるが、特定の危険物の組合せで、1m以上間隔を空けて、類ごとに取りまとめて貯蔵する場合は、例外的に同時貯蔵が認められているぞ。

・第1類(アルカリ金属の過酸化物を除く)と第5類
・第1類と第6類
・第2類と黄りんまたはこれを含有するもの
・第2類の引火性固体と第4類
・第4類の有機過酸化物またはこれを含有するものと第5類の有機過酸化物
　またはこれを含有するもの
・アルキルアルミニウム等と第4類危険物のうち、アルキルアルミニウム、
　アルキルリチウムのいずれかを含有するもの

→ 運搬は、収納率と混載の可否が頻出だ!

　移動タンク貯蔵所(タンクローリー)を除いた車両等によって危険物を運ぶことを「運搬」というんだ。ここでは、運搬容器、積載方法、運搬方法の3つの基準を見ていくぞ。貯蔵と同じで、あたりまえの内容を原則として、一部例外が頻出だ!

【運搬容器の基準（一部抜粋）】

・鋼板、アルミニウム板、ブリキ板、ガラス等の材質で、危険物に腐食されないもの
・容器構造は、堅固で容易に破損せず、危険物が漏れる恐れがないもの

【積載方法の基準（一部抜粋）】

・原則、運搬容器に収納して積載
・運搬容器には、危険物の品名、危険等級、化学名、数量、注意事項等を表示
・運搬容器が落下、転落、転倒、破損しないように載積
・収納口を上に向け、積み重ねる場合は高さ3m以下とする
・運搬容器への収納基準として、固体・液体の危険物で次の基準がある
　　固体危険物：内容積の95%以下の収納率とする
　　液体危険物：内容積の98%以下でかつ、55℃において漏れないよう空
　　　　　　　　間容積を設けて収納する
・原則、類を異にする危険物や災害発生の恐れがある物品の同時混載は禁止
　（例外あり！　下の○×表に記載）

表53-1：**混載の可否**

	第1類	第2類	第3類	第4類	第5類	第6類
第1類		×	×	×	×	○
第2類	×		×	○	○	×
第3類	×	×		○	×	×
第4類	×	○	○		○	×
第5類	×	○	×	○		×
第6類	○	×	×	×	×	

この○×表は、超頻出！！ ○で結ばれている所は、混載のできる類同士の組合せで、第4類危険物であれば、第2・3・5類が混載可能というわけだ！ ○の組合せというのは、反応しない物質同士というわけだ。だからこそ、第5章で学習したそれぞれの類の特性や性質を理解しておくことが大切なんだな！

【運搬方法の基準（一部抜粋）】

・運搬容器に著しく摩擦、または動揺を起こさないよう運搬
・災害発生の恐れがあるときは、応急措置を講じ、近くの消防機関等に通報
・指定数量以上の危険物を運搬するときは、車両前後の見やすい位置に標識を掲げ、危険物に応じた消火設備を備える

⬤ 移送方法の基準（抜粋）

移動タンク貯蔵所や移送取扱所によって危険物を運ぶことが、移送だ。運搬との違いは、イラストでも示しているから、違いをはっきりさせておけ！

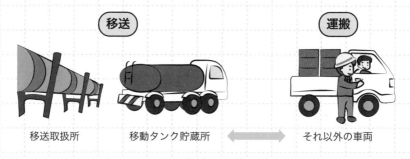

図53-1：**移送と運搬の違い**

移送方法の基準は次の通りだ。

・危険物取扱者が乗車し、免状を携帯する（運転手でなくてもOK）
・移送前点検を実施し、長時間の移送の場合は2名以上の運転要員を確保する
　⇒目安は、運転要員1名あたりの連続運転時間が4時間以上、または、1日
　　あたりの運転時間が9時間を超える移送の場合が対象となる
・災害発生の恐れがある場合は、応急措置を講じると共に、最寄りの消防機
　関等に通報する
・休憩等のため移動タンク貯蔵所を一時停止させる場合は安全な場所を選ぶ
　⇒例えば、高速道路のサービスエリアでは、大型バスやトラック、タンク
　　ローリー車の停車場は建物や一般車両の停車場から離れているぞ
・完成検査済証と点検記録等は原本を備え付けておく
・アルキルアルミニウム等を移送する場合、移送経路等を記載した書面を関
　係消防機関に提出すると共に、その写し（コピー）を携帯し、記載内容に
　従う

Step3 暗記 → 何度も読み返せ！

□ 危険物を取扱う製造所等では、くず、かす等は［1日1回］以上適切
　に廃棄等の処分を行う必要があり、ためます等に溜まった危険物は
　［随時］くみ上げて処理する。

□ 運搬とは、［移動タンク貯蔵所］を除いた車両等によって危険物を運
　ぶことである。

□ 固体危険物を運搬する際は、内容積の［95］％以下の収納率とし、
　液体危険物を運搬する際は、内容積の［98］％以下でかつ、
　［55］℃において漏出しないよう空間容積を設けて収納する。

□ 危険物を移送する場合、移動タンク貯蔵所内に点検記録と完成検査
　済証の［原本］、特にアルキルアルミニウム等を移送する場合は移送
　経路等を記載した書面の［写し］を備えている必要がある。

第 **8** 章　製造所等の設置基準を学ぼう

No. 54 /55 ルールを破るとどうなる？

このテーマでは、義務違反による所有者等に対する措置を学習するぞ！　施設に関する違反か、人に関する違反かによって処分内容が分かれる点を覚えれば、丸暗記しなくても済むぞ！

Step1 図解 目に焼き付けろ！

改善
しなさい

措置命令

市町村長等

命令に従わない、
違反が悪質

使用停止命令　　**許可の取消**

人に関する違反　　施設に関する違反

施設に関する違反

義務違反がある場合、市町村長等は、必要な措置について製造所等の所有者等に命令することができる（必要に応じて）ことになっているんだ。
それが改善されない等のときは、使用停止命令、許可の取消といった処分を受ける可能性があるぞ。

Step2 解説 爆裂に読み込め！

第1段階：措置命令

　製造所等の所有者等（所有者、管理者、占有者）が、政令で定める技術的基準を遵守していない、もしくは適合していない状況をそのままにしている場合、市町村長等から措置命令を受けることがあるんだ。措置命令を出すような事案や違反としては、次のようなものがあるぞ。

・危険物の貯蔵・取扱が技術上の基準に違反しているとき
・火災予防のため、変更の必要があるとき
・公共の安全の維持・災害発生防止のために緊急の必要があるとき
・無許可で指定数量以上の危険物を貯蔵・取扱しているとき

　この他、義務違反があれば、都道府県知事が免状の返納を命じることもあるんだ。続きを見ていこう。

第3段階：施設（物的）違反の場合

　措置命令を受けたにも関わらず改善を行わない場合や、違反が悪質などの場合には、製造所等の所有者等は、市町村長等から危険物取扱の許可の取消や使用停止命令を受けることがあるんだ。
　許可の取消は、文字通り危険物の取扱そのものができなくなるため、とても重い罰則といえるぞ。一方、使用停止命令は、一定期間は業務停止となるが、許可そのものは取り消されないので、比較的軽い罰則だ。

　許可の取消と使用停止命令って、どういうときにどちらの罰則となるんですか？

罰則の選択は行政庁の裁量となっていて、特に決まっていないんだ。ただ、このあと学習する人的違反の場合と違って、施設の違反は、周囲に大きな影響を及ぼすので、厳しい裁決（許可の取消）があると覚えておくんだ！

【許可取消または使用停止命令の対象事由】
・製造所等の位置、構造、設備を無許可で変更
・完成検査、仮使用の承認前に製造所等を使用
・修理、改造、移転の命令に違反した
・保安検査を受けない
・定期点検を実施しない。点検記録を作成、保存しない

第2段階：人的違反の場合

施設に関する違反とは異なり、人的違反の場合には、使用停止命令となるんだ。許可の取消まではされないから、気を付けるんだ！

【使用停止命令の対象事由】
・貯蔵・取扱の基準遵守命令に違反した
・危険物保安監督者の未選任、または、その業務をさせていない
・危険物保安統括管理者の未選任、または、その業務をさせていない
・危険物保安監督者、危険物保安統括管理者の解任命令に違反した

その他危険物取扱を適法に行う上で必要な行政の規制

当初から違反状態にならないようにするために行う事前の予防活動も行政は大切にしているんだ。次の3つを見てみよう。

◆立入検査等
市町村長等は、危険物による事故発生を防止するため必要があると認めるときは、指定数量以上の危険物を貯蔵・取扱う製造所等の所有者等に対して、次のような行動をとらせることができるんだ。

・資料の提出もしくは報告を求める

・消防吏員をその場所に立ち入らせて、検査・質問する

・危険物を収去する

◆ 走行中（移動中）の移動タンク貯蔵所の停止

消防吏員または警察官は、火災予防のために特に必要があると認められるときは、走行中の移動タンク貯蔵所を停止させ、乗車している危険物取扱者に対して、危険物取扱者免状の提示を求めることができるぞ。

◆ 罰則

ここで大切なのは、両罰規定だ。違反を行った個人だけではなく、その者が所属する法人（会社）にも罰則の適用があることをいうぞ。法人（会社）も個人も両方を罰するから、そういわれるんだ。例えば、消防法45条には、指定数量以上の危険物を無許可貯蔵した場合、法人に対しては3,000万円以下の罰金を科しているぞ。法人への処罰を予定することで、会社の側からコンプライアンス（法令遵守）の徹底を促しているといえるな！！

Step3 暗記 → 何度も読み返せ！

- □ 無許可で製造所等の位置・構造・設備を変更した場合、[許可の取消] または [使用停止命令] の対象となる。
- □ 危険物保安統括管理者または危険物保安監督者を定めていない場合、[使用停止命令] の対象となる。
- □ 火災予防のために必要と認める場合に、移動タンク貯蔵所を停止させて危険物取扱免状の提示を求めることができるのは、[消防吏員] または [警察官] である。
- □ 定期点検を実施していなかったり、点検記録を作成していない場合、[許可の取消] または [使用停止命令] の対象となる。

第**8**章 製造所等の設置基準を学ぼう

重要度：

事故が発生したら どうする？

このテーマでは、事故発生時の措置（応急措置と通報義務）について学習するぞ。読めば分かるが、ほとんど常識的な内容だ。覚えるというより、常識で判断するんだ！！

Step1 図解 目に焼き付けろ！

事故への対応

消防署や
警察署へ通報

事故発生

流出、拡散防止
などの応急措置

市町村長等

応急措置
命令

所有者等

事故が発生した場合、応急措置や通報をしなければならない。所有者等が対応していない場合は、市町村長等が応急措置を講じるよう命じる。逃げるのではなく、対応する、という姿勢だな。

Step2 解説 爆裂に読み込め！

➡ 事故発生時の措置

どんなに注意しても、事故は起こってしまうもの。だから、そのときに、次のような適切な対応をすることが重要だ。

> ・応急措置：危険物の流出及び拡散を防止し、流出した危険物を除去する。
> その他、災害発生防止のための応急措置を実施する
> ・事故発見者の義務：消防署や警察署などの関係諸機関への通報を実施する
> ・応急措置命令：製造所等の所有者等が講じるべき応急措置を講じていない
> 場合、市町村長等は応急措置を講じるよう命じることができる

 常識的な内容ということは分かりましたが、実際の試験ではどのように出題されるんですか？

例えば、「安全第一のため、直ちに現場から離れなければならない」と出題されたことがあるぞ。しかし、危険物の取扱作業についての知識を持つプロフェッショナルとして、現場を放棄して逃げるというのはどうだろう？　責任を全うするという意味で、これは不正解なんだ。

Step3 暗記 何度も読み返せ！

□ 製造所等で危険物の流出事故が発生した場合、[製造所等の所有者等]は、直ちに応急措置を講じなければならない。

□ 応急措置命令は[市町村長等]が、製造所等の[所有者]、管理者、[占有者]に対して命じる。

第 8 章　製造所等の設置基準を学ぼう

燃えろ! 演習問題

本章で学んだことを復習するんだ！　分からない問題は、テキストに戻って確認するんだ！分からないままで終わらせるなよ！！

問題 Lv1

🔥 **01** 製造所の建築物は、地階を設けてもよい。

🔥 **02** 製造所に設ける窓は、防弾ガラスでなければならない。

🔥 **03** 製造所に設ける窓・出入口は耐火設備でなければならない。

🔥 **04** 製造所の床は、危険物が浸透しない材質を使用し、傾斜をつけて、ためますにする。

🔥 **05** 製造所の屋根は、難燃材料で作る。

🔥 **06** 屋外貯蔵所に貯蔵できるものは、第2類の硫黄・引火性固体、引火点0℃以上の第1石油類、アルコール類、第2・第3・第4石油類などである。

🔥 **07** 屋外タンクの防油堤の水抜口は、常に開けておく。

🔥 **08** 屋外タンクの防油堤の高さは、0.5m以上で、材質が、コンクリートまたは土で作られたものである。

🔥 **09** 屋外貯蔵所と屋外タンク貯蔵所の容量は、どちらも10,000ℓ以下である。

🔥 **10** 屋外タンクの防油堤の容量は、当該タンク容量の150%以上である。

🔥 **11** 移動タンク貯蔵所で危険物を移送するとき、危険物取扱免状は事務所保管する。

🔥 **12** 移動タンク貯蔵所の容量は10,000ℓ以下である。

🔥 **13** 移動タンク貯蔵所で危険物を移送するときは、完成検査済書と定期点検記録簿は、事務所に保管する。

🔥 **14** 移動タンク貯蔵所には、第4種の消火設備を2個以上設ける。

🔥 **15** 移動タンク貯蔵所には、保安距離・保有空地は必要ない。

🔥 **16** 屋内貯蔵所は、高さ5m未満の平屋建てで、1,000m²以下である

🔥 **17** 屋内貯蔵所と屋内タンク貯蔵所の床面は、どちらも地盤面以上であること。

🔥 **18** 屋内貯蔵所と屋内タンク貯蔵所は、どちらも保安距離・保有空地が必要である。

🔥 **19** 屋内タンク貯蔵所は、指定数量の10倍以下とし、第2石油類・第3石油類は、10,000ℓ以下である。

🔥 **20** 地下タンクの容量は無制限で、簡易タンクの容量は、1,000ℓ以下である。

🔥 **21** ほとんどの給油取扱所は、地下タンクではない。

🔥 **22** 地下タンクの周囲4ヵ所に漏えい検査管を設ける。

🔥 **23** 地下タンク貯蔵所では、第5種の消火設備を4個以上設ける。

🔥 **24** 地下タンク貯蔵所と簡易タンク貯蔵所は、どちらも保安距離・保有空地が必要ではない。

🔥 **25** 敷地内距離が必要なのは、屋内タンク貯蔵所である。

解説 Lv1

🔥 **01** ✕ →テーマNo.45
建築物は、地階を設けてはならない。

🔥 **02** ✕ →テーマNo.45
窓は、網入りガラスであること。

🔥 **03** ✕ →テーマNo.45
窓・出入口は防火設備であること。

🔥 **04** ◯ →テーマNo.45

🔥 **05** ✕ →テーマNo.45
屋根は、不燃材料で作る。

🔥 **06** ◯ →テーマNo.46
ガソリンと特殊引火物がNGの点も併せて確認しておくんだ！

🔥 **07** ✕ →テーマNo.47
使用時以外は閉めておく必要があるぞ。

🔥 **08** ✕ →テーマNo.47
コンクリートではなく、鉄筋コンクリートが正解だ。

🔥 **09** ✕ →テーマNo.46, 47
どちらも、容量は制限無しだ。

🔥 **10** ✕ →テーマNo.47
屋外タンクの防油堤容量は、当該タンク容量の110%以上だ。

🔥 **11** ✕ →テーマNo.48
危険物の取扱作業（移送）に従事するときは、常時携帯していなければならないぞ。

🔥 **12** ✕ →テーマNo.48

移動タンク貯蔵所の容量は30,000ℓ以下だ。

🔥 **13** ✕ →テーマNo.48

原本を車内に常備する必要があるぞ。

🔥 **14** ✕ →テーマNo.48

第5種の消火設備を2個以上設ける必要があるぞ。

🔥 **15** ◯ →テーマNo.48

🔥 **16** ✕ →テーマNo.46

高さ6m未満の平屋建てで、1,000m²以下だ。

🔥 **17** ◯ →テーマNo.46, 47

🔥 **18** ✕ →テーマNo.46, 47

屋内タンク貯蔵所はともに不要だ。反対に、屋外タンク貯蔵所と屋外貯蔵所は、共に必要になるから、気を付けるんだ！

🔥 **19** ✕ →テーマNo.47

屋内タンク貯蔵所は、指定数量の40倍以下とし、第4石油類・動植物油類は、20,000ℓ以下となるぞ。

🔥 **20** ✕ →テーマNo.49, 50

簡易タンクの容量は、1基あたり600ℓが正解だ。

🔥 **21** ✕ →テーマNo.49, 51

ほとんどが、地下タンクだ。地上にタンクがあるのを見たことがあるか？

🔥 **22** ◯ →テーマNo.49

🔥 **23** ✕ →テーマNo.49

4個ではなく、2個だ。

🔥 **24** ✕ →テーマNo.49

簡易タンク貯蔵所には、保有空地が必要だ。

🔥 **25** ✕ →テーマNo.47

敷地内距離の規制対象となるのは、屋外タンク貯蔵所だ。これは、屋外タンク貯蔵所のみの規制だから、間違えないように！！

問題 Lv2

🔥**26** セルフ式の給油取扱所では、ハイオクは赤色、ガソリンは黄色、軽油は緑色、灯油は青色の表示をする。

🔥**27** セルフ型の給油取扱所では、第2種泡消火設備を設置する。

🔥**28** 移動タンク貯蔵所から、給油取扱所のタンクに入れるとき、引火点が40℃未満の危険物の場合、原動機を停止する。

🔥**29** 車の洗剤に、引火性を有する液体の洗剤を使用することができる。

🔥**30** 自動車の一部が給油空地からはみ出していたが、気にせず給油をした。

🔥**31** 給油取扱所は、保安距離・保有空地が必要である。

🔥**32** 給油するときは、自動車の原動機を停止して、固定給油設備を使用して直接給油する。

🔥**33** 給油空地は、間口10m以上、奥行き10m以上の空地を保有すること。

🔥**34** 給油取扱所で原動機付き自転車に鋼製ドラムよりガソリンを給油した。

🔥**35** 給油取扱所のタンク容量は30,000ℓ以下、廃油タンクの容量は10,000ℓ以下である。

🔥**36** 販売取扱所とは、容器に収納し、小分けして販売する施設である。

🔥**37** 指定数量の倍数が15倍以下は第2種販売取扱所、15倍を超えて40倍以下は第1種販売取扱所である。

🔥**38** 移送取扱所とは、車で移動しながら危険物を取扱う施設である。

🔥**39** 一般取扱所とは、危険物以外のものを製造、または危険物の取扱自体を目的とする施設で、塗装工場やボイラー室などがある。

🔥**40** 販売取扱所、移送取扱所、一般取扱所は、どれも保安距離・保有空地は必要でない。

🔥**41** 給油取扱所で、車を引火性のある洗剤で洗車した。

🔥**42** 危険物のくず、かす等は1日に1回以上、破棄等の処置をすること。

🔥**43** 建築物等は、当該危険物の性質に応じた有効な遮光または換気は必要ない。

🔥**44** ためますまたは油分離装置にたまった危険物は、あふれないよう1日1回くみ上げること。

🔥**45** 危険物が残存している施設・機械器具・容器を修理する場合、危険物を完全に除去してから修理を実施する。

🔥**46** 屋内消火栓設備は、第3種消火設備である。

🔥**47** 泡消火設備は、第1種消火設備である。

🔥**48** スプリンクラー設備は、第2種消火設備である。

🔥**49** 大型消火器は、第5種消火設備である。

🔥**50** 小型消火器・乾燥砂は、第4種消火設備である。

解説 Lv2

🔥**26** ✕ →テーマNo.51

ハイオクは黄色、ガソリンは赤色だ。是非セルフ式の給油取扱所で機械の観察をしてほしいぞ。

🔥**27** ✕ →テーマNo.51

セルフ型の給油取扱所には、第3種泡消火設備を設置するぞ。第2種はスプリンクラー設備だから、間違えないように！

🔥**28** ◯ →テーマNo.48, 51

🔥**29** ✕ →テーマNo.48

車の洗剤に、引火性を有する液体の洗剤を使用することはできないぞ。

🔥**30** ✕ →テーマNo.51

給油空地からはみ出して給油をすることはNGだ。

🔥**31** ✕ →テーマNo.51

給油取扱所は、保安距離・保有空地が不要だ。給油空地が必要だぞ。

🔥**32** ◯ →テーマNo.51

🔥**33** ✕ →テーマNo.51

給油空地は、間口10m以上、奥行き6m以上の空地を保有すること。

🔥**34** ✕ →テーマNo.51

固定給油設備よりガソリンを給油する必要があり、鋼製ドラムからの給油はNGだ。

🔥**35** ✕ →テーマNo.51

給油取扱所のタンク容量は無制限で、廃油タンクの容量は、10,000ℓ以下だ。

🔥**36** ✕ →テーマNo.51

小分けにせず、そのまま販売するのが販売取扱所だ。

🔥**37** ✕ →テーマNo.51

記述が逆になっているぞ。第1種販売取扱所は指定数量倍数15以下、第2種販売取扱所は指定数量倍数15超40以下だ。

◊ 38 ✕　→テーマNo.52

移送取扱所は、配管及びポンプによって危険物を取扱う施設のことだ。

◊ 39 ◯　→テーマNo.52

◊ 40 ✕　→テーマNo.42

移送取扱所は保有空地、一般取扱所は保安距離と保有空地が必要だ。

◊ 41 ✕　→テーマNo.51

引火性のある洗剤は使用NGだ。

◊ 42 ◯　→テーマNo.53

◊ 43 ✕　→テーマNo.45

遮光または換気が必要だぞ。

◊ 44 ✕　→テーマNo.53

1日1回ではなく、「随時」くみ上げを行う必要があるぞ。

◊ 45 ◯　→テーマNo.53

◊ 46 ✕　→テーマNo.44

屋内消火栓設備は、第1種消火設備だぞ。

◊ 47 ✕　→テーマNo.44

泡消火設備は、第3種消火設備だ。

◊ 48 ◯　→テーマNo.44

◊ 49 ✕　→テーマNo.44

大型消火器は、第4種消火設備だ。

◊ 50 ✕　→テーマNo.44

小型消火器・乾燥砂は、第5種消火設備だ。

第**8**章

製造所等の設置基準を学ぼう

🔥 **51** 運搬容器は、収納口を横に向けて積載すること。

🔥 **52** 容器の材質は、鋼板・ガラス・陶器などである。

🔥 **53** 液体危険物を収納する容器は、内容積の80%以下で、かつ、55℃で漏れないような構造であること。

🔥 **54** 指定数量以上の危険物の運搬を行う場合は、必ず免状を携帯すること。

🔥 **55** 指定数量以上の危険物を運搬するときは、『危』の標識を掲げ、消火器を備えること。

🔥 **56** 完成検査済証の交付前に使用したときまたは仮使用の承認を受けずに使用したとき、許可の取り消しまたは使用停止命令の対象となる。

🔥 **57** 市町村長等が行う修理・改造・移転命令に従わなかったとき、許可の取り消しまたは使用停止命令の対象となる。

🔥 **58** 製造所の位置・構造・設備を所有者の許可を得ずに変更すると、許可の取り消しまたは使用停止命令の対象となる。

🔥 **59** 政令で定める定期点検を行わない、または、点検記録を作成せず保存していないときは、許可の取り消しまたは使用停止命令の対象となる。

🔥 **60** 政令で定める屋外貯蔵所及び移送取扱所の所有者等が、その構造及び設備について保安検査を受けないと、許可の取り消しまたは使用停止命令の対象となる。

法令上、運搬容器の外部に表示する注意事項として、次のうち正しいものはどれか。

🔥 **61** 第2類の危険物のうち、引火性固体にあっては、「火気注意」

🔥 **62** 第3類の危険物にあっては、「可燃物接触注意」

🔥 **63** 第4類の危険物にあっては、「注水注意」

🔥 **64** 第5類の危険物にあっては、「禁水」

🔥 **65** 第6類の危険物にあっては、「衝撃注意」

🔥 **66** 政令で定める定期点検を行わないとき。また、点検記録を作成せず、保存していないと、使用停止命令の対象となる。

🔥 **67** 危険物保安統括管理者・危険物保安監督者の選任命令に違反した場合、使用停止命令の対象となる。

🔥 **68** 危険物保安監督者を定めていない、または危険物の保安の監督をさせていな

かった場合、使用停止命令の対象となる。

🔥 **69** 危険物の位置・構造・設備の遵守命令に違反すると、使用停止命令の対象となる。

🔥 **70** 危険物施設保安員を定めていない、または危険物の保安に関する業務を統括管理させていないと、使用停止命令の対象となる。

解説 Lv3

🔥 **51** ✕ →テーマNo.53
収納口を横ではなく、上に向けて積載する必要があるぞ。

🔥 **52** ✕ →テーマNo.53
陶器は容器の材質としてはNGだ。

🔥 **53** ✕ →テーマNo.53
液体危険物の収納は、内容積の98%以下で、かつ、55℃で漏れないような構造である必要があるぞ。

🔥 **54** ✕ →テーマNo.43, 53
運搬には免状不要で、積み降ろしは免状を持つ者が行うか、無資格者の作業であっても立会者があればOKだ。

🔥 **55** ◯ →テーマNo.43, 48

🔥 **56** ◯ →テーマNo.54

🔥 **57** ◯ →テーマNo.54

🔥 **58** ✕ →テーマNo.54
所有者の許可ではなく、市町村長等の許可である。

🔥 **59** ◯ →テーマNo.54

🔥 **60** ✕ →テーマNo.54
保安検査の対象は、屋外タンク貯蔵所だ。

🔥 **61～65** ✕ →テーマNo.43
第1類と第6類は酸化性物質で「可燃物接触注意」、第2類は可燃性固体で「火気注意」、特に引火性固体は「火気厳禁」、第3類の自然発火性物質は「空気接触厳禁」「火気厳禁」、禁水性物品は「禁水」、第4類は引火性液体で「火気厳禁」、第5類危険物は自己反応性物質で、「火気厳禁」「衝撃注意」となるぞ。

🔥 **66** ✕ →テーマNo.54

この場合、物的（施設）の違反なので、許可の取消または使用停止命令の対象となるぞ。

🔥 **67** ✕ →テーマNo.54

選任命令ではなく、解任命令だ。

🔥 **68** ○ →テーマNo.54

🔥 **69** ✕ →テーマNo.54

「位置・構造・設備」ではなく、「貯蔵・取扱基準」が正解だ。

🔥 **70** ✕ →テーマNo.54

危険物施設保安員ではなく、危険物保安統括管理者だ。

(問題 Lv4)

🔥 **71** 移動タンク貯蔵所で移送中、災害発生の恐れがある場合は、急いで現場から離れなければならない。

🔥 **72** 第4類危険物と同時混載できる他の類の危険物は、2・3・6類である。

🔥 **73** 第1類危険物と混載できるのは、第6類の危険物である。

🔥 **74** 危険物事故を発見した人は、応急措置を講じることを第一にするべきだから、消防署や警察署への連絡をする必要はない。

🔥 **75** 取扱う危険物の指定数量が10倍以上のとき、警報設備と避雷設備を設けなければならない。

(解説 Lv4)

🔥 **71** ✕ →テーマNo.55

応急措置を講じると共に、最寄りの消防機関等に通報しなければならないぞ。有資格者として、責任を持った行動をとる必要があるんだな！

🔥 **72** ✕ →テーマNo.53

正しくは、「2・3・5類」だ。

🔥 **73** ○ →テーマNo.53

🔥 **74** ✕ →テーマNo.55

応急措置を講じることも当然だが、消防署や警察署をはじめとする関係諸機関への連絡も義務付けられているぞ。

🔥 **75** ○ →テーマNo.44

模擬問題

▌危険物に関する法令（15問）

問題1 次の危険物の品名・物品名及び指定数量の組合せのうち、不適切なものを一つ選べ。

	品　名	物品名	指定数量
（1）	特殊引火物	ジエチルエーテル	50ℓ
（2）	第一石油類	アセトン	400ℓ
（3）	アルコール類	エタノール	1,000ℓ
（4）	第三石油類	重油	2,000ℓ
（5）	第四石油類	シリンダー油	6,000ℓ

問題2 次の指定数量に関する文章のうち、最も適切なものを一つ選べ。

（1）種別、品名及び性状に応じて、危険物の規制に関する政令別表第3で定める数量である。

（2）試験により確認される危険性に応じて消防法別表で定める数量である。

（3）種別及び品名に応じて消防法別表で定める数量である。

（4）危険性を勘案して市町村条例で定める数量である。

（5）危険性を勘案して危険物の規制に関する規則で定める数量である。

問題3 次の危険物の法体系に関する説明のうち、誤っているものを一つ選べ。

（1）製造所等を設置しようとする者は市町村長の許可を得なければならない。

(2) 多かれ少なかれ危険物を貯蔵または取扱う場合は製造所、貯蔵所及び取扱所以外の場所で行ってはならない。

(3) 航空機、鉄道、船舶による危険物の貯蔵、取扱または運搬については、消防法は適用されない。

(4) 消防法の適用を除外する項目を設けるのは、他法令との二重規制を避けるためである。

(5) 指定数量の倍数が1以下の場合は消防法ではなく、市町村条例の規制を受ける。

問題4 次の申請・許可等の手続に関する文章のうち、最も不適切なものを一つ選べ。

(1) 許可を受けて製造所等を設置またはその位置・構造若しくは設備を変更したときは、市町村長が行う完成検査を受け、これに合格した後でなければ使用できない。

(2) 二以上の都道府県にまたがって設置される移送取扱所に関する申請等に対する許可権限は、内閣総理大臣が有する。

(3) 変更の工事に係る部分以外の部分を使用することについて、市町村長の承認を受けたときはその部分を仮に使用することができる。

(4) 消防長または消防署長の承認により、市町村長から許可を受けた製造所等以外の場所で10日以内の期間の間、仮に貯蔵または取扱できる。

(5) 消防本部及び消防署を設置している市町村の区域に設置されている、移送取扱所を除く製造所等に関する申請に対しては市町村長が許可権者となる。

問題5 次の危険物取扱者に関する説明のうち、誤っているものを一つ選べ。

(1) 製造所等における危険物の取扱は、危険物取扱者が行うか、立会いの下に他の者が作業しなければならない。

(2) 危険物取扱者国家試験に合格したものは都道府県知事から危険物取扱者免状が交付される。

(3) 製造所等において危険物の取扱作業に従事している危険物取扱者は、都道府県知事が実施する保安講習を3年に1回受講しなければならない。

(4) 丙種危険物取扱者は特殊引火物を取扱うことができる。

(5) 免状交付から10年を経過したときは、免状の書き換えを居住地または勤務地を管轄する都道府県知事に申請することができる。

問題6 次の製造所等のうち、危険物保安監督者を選任しなくてもよいものを一つ選べ。

(1) 移動タンク貯蔵所　　(2) 屋外貯蔵所　　(3) 屋内タンク貯蔵所

(4) 製造所　　　　　　　(5) 給油取扱所

問題7 次の製造所等において予防規程を定める対象とならないものを一つ選べ。

(1) 指定数量の倍数が10以上の製造所

(2) 指定数量の倍数が15以上の販売取扱所

(3) 指定数量の倍数が200以上の屋外タンク貯蔵所

(4) 指定数量の倍数が100以上の給油取扱所

(5) 指定数量の倍数が10以上の移送取扱所

問題8 次の製造所等の設置基準に関する説明のうち、不適切なものを一つ選べ。

(1) 製造所等から重要文化財までの保安距離は50m以上である。

(2) 屋内タンク貯蔵所は保安距離、保有空地の規制対象ではない。

(3) すべての製造所等において避雷設備を設けなければならない。

(4) 屋外タンク貯蔵所では敷地内距離も規制対象となる。

(5) 保有空地にはどのような物品も常設することはできない。

問題9 屋外タンク貯蔵所の位置、構造、設備基準に定められていないものを一つ選べ。

(1) 無弁または大気弁付きの通気管
(2) 発生する蒸気の濃度を自動的に計測する装置
(3) 危険物の量を自動的に表示する装置
(4) 注入口、水抜管
(5) 移送のための配管

問題10 次の文章のうち、給油取扱所において、給油取扱所の係員以外の者が出入りする建築物の用途（床面積は300m²とする）として認められないものを一つ選べ。

(1) 給油取扱所の業務を行うための事務所
(2) 給油等のために給油取扱所へ出入りするものを対象とした展示場
(3) 給油等のために給油取扱所へ出入りするものを対象とした遊技場
(4) 給油等のために給油取扱所へ出入りするものを対象とした飲食店
(5) 自動車等の点検、整備を行う作業場

問題11 製造所等の掲示板に表示すべき事項として、最も誤っているものを一つ選べ。

(1) 所有者、管理者または占有者の氏名
(2) 危険物の類
(3) 品名
(4) 貯蔵または取扱の最大数量
(5) 危険物保安監督者の氏名または職名

問題12 次の危険物の貯蔵に関する基準のうち、最も適切なものを一つ選べ。

(1) 移動タンク貯蔵所の運行中は、完成検査済証を備えておく必要はないが、緊急時における連絡のため完成検査済証の写しを備えておくこと。

(2) 屋外貯蔵タンクの防油堤の水抜口は、雨水が溜まらないように常時開放しておく。

(3) 危険物を保護液中に貯蔵する場合は、危険物の一部を必ず露出させておくこと。

(4) 移動貯蔵タンクの底弁は使用時以外完全に閉鎖しておくこと。

(5) 法別表に掲げる類を異にする危険物を同一の貯蔵所において貯蔵する場合は、指定数量の10倍以下ごとに区分して貯蔵しておくこと。

....

問題13 次の危険物の取扱に関する説明のうち、正しいものを一つ選べ。

(1) 危険物のくず、かす等は1週間に1回以上危険物の性質に応じて安全な場所及び方法で回収若しくは廃棄しなければならない。

(2) 危険物が残存している状態で設備、容器等を修理してはならない。

(3) 火気を使用する場合は、係員に申し出てから行わなければならない。

(4) 危険物のもれ、あふれまたは飛散するときは土嚢を準備しなければならない。

(5) 可燃性液体を貯蔵または取扱う場所の電気設備は配線との接続を完全にすれば防爆構造とする必要はない。

....

問題14 次の危険物の運搬及び移送の基準に関する説明のうち、適切なものを一つ選べ。

(1)「運搬」と「移送」はまったく同じ意味である。

(2) 危険物の「運搬」には危険物取扱者の同乗が必要であるが、「移送」には必要ない。

(3)「移送」は危険物を収載した移動タンク貯蔵所を運行する場合（休憩等に

よる停車中も含む）をいう。

(4)「運搬」する場合も車両の大きさなどの届出や許可手続義務が課せられる。

(5)「運搬」する場合の車両には危険物の表示を設置する必要はない。

問題15 次の危険物を運搬する場合、混載しても差し支えない組合せとして適切なものを一つ選べ。

(1) 第1類と第2類　　(2) 第2類と第3類

(3) 第3類と第4類　　(4) 第5類と第1類

(5) 第6類の危険物と高圧ガス

基礎的な物理学及び基礎的な化学（10問）

問題16 次の比重に関する説明のうち、最も正しいものを一つ選べ。

(1) 4℃における水は、密度が最も小さい。

(2) 氷の比重は1より大きい。

(3) 水素は空気よりも比重が大きい。

(4) 比重が1よりも小さい液体は水よりも軽い。

(5) 液体の比重は、その液体自身の密度で表す。

問題17 一定量の30℃の気体について、体積を一定に保ったまま加熱していき、圧力が2倍になるときの温度はどれか。

(1) 154℃　　(2) 273℃　　(3) 313℃　　(4) 333℃　　(5) 353℃

問題18 熱の移動に関する次の説明のうち、熱の放射に相当するものを一つ選べ。

(1) 湯沸かしの底を熱していくと水の表面から温まる。
(2) 太陽熱が地上に伝わり、大地が暖められていく。
(3) 火の中に入れた火箸の手元が次第に熱くなる。
(4) はんだこての柄に木を用いる。
(5) スチーム暖房により室温を上昇させる。

問題19 次の静電気に関する説明として、誤っているものを一つ選べ。

(1) 静電気が蓄積すると考えられる物体を電気的に絶縁することは、静電気の蓄積防止対策の一つである。
(2) 静電気は電気の不導体に蓄積しやすい。
(3) ナイロン等の合成繊維類は、綿よりも静電気が発生しやすい。
(4) 静電気による火災は燃焼物に適応した消火方法をとる。
(5) 静電気は人体にも帯電する。

問題20 500gの水に浸けた抵抗0.01Ωの導線に1Vの電圧をかけることによって水温を10℃上昇させたい。このとき導線に電流を流す時間は何秒必要か。最も近いものを一つ選べ。ただし、水の比熱を4.207とし、発生した熱量は他へ逃げず、確実に水に伝えられるものとする。

(1) 105秒　　(2) 350秒　　(3) 40秒　　(4) 210秒　　(5) 21秒

問題21 $2H_2$（気）$+O_2$（気）$= 2H_2O$（気）$+486kJ$

上記の熱化学方程式に関する記述のうち最も不適切なものを一つ選べ。ただし、水素の原子量を1、酸素の原子量を16とする。
(1) 水素が燃焼すると、水素1molあたり243kJの発熱がある。

(2) 水素4gと酸素32gが反応して水蒸気36gができる反応では、486kJの発熱がある。

(3) 標準状態において水素44.8ℓと酸素22.4ℓの混合気体に点火すると、その合計体積の67.2ℓの水蒸気が発生する。

(4) この反応で生成した水蒸気が液体となるときは一定の熱量が放出される。

(5) 水素2モルと酸素1モルが反応して水蒸気2モルができる反応である。

問題22 濃度不明の硫酸100mℓを中和しようとして、間違えて1mol/ℓの塩酸を25mℓ加えてしまった。この液体を中和するのに2mol/ℓの水酸化ナトリウム45mℓを要した。この硫酸のモル濃度はいくらか。最も近いものを選べ。

(1) 0.33　　(2) 0.65　　(3) 0.97　　(4) 1.3　　(5) 1.6

問題23 以下の化学変化と用語の組合せとして、不適切なものを一つ選べ。

(1) 塩素酸カリウム　　　　→ 塩化カリウム＋酸素 …酸化

(2) 亜鉛＋硫酸　　　　　　→ 硫酸亜鉛＋水素 …置換

(3) 塩化ナトリウム＋硫酸 → 硫酸ナトリウム＋塩化水素 …複分解

(4) 酸化鉄＋一酸化炭素　 → 鉄＋二酸化炭素 …酸化、還元

(5) 水素＋酸素　　　　　　→ 水 …化合

問題24 可燃性液体の燃焼の仕方として次の文章のうち、正しいものを一つ選べ。

(1) 液体が熱分解し、その際に発生する可燃性ガスが燃焼する。

(2) 液体の表面から発生する蒸気が空気と混合して燃焼する。

(3) 可燃性液体そのものが燃焼する。

(4) 可燃性液体は発火点以上にならないと燃焼しない。

(5) 可燃性液体は酸素が無くても燃焼する。

次の液体の引火点及び燃焼範囲の下限値の数値として考えられる組合せとして正しいものはどれか。

「ある引火性液体は35℃で液面付近に濃度7vol%の可燃性蒸気を発生した。この状態でマッチを近づけたところ引火した」

	引火点	燃焼範囲の下限値
(1)	25℃	10vol%
(2)	30℃	6vol%
(3)	35℃	12vol%
(4)	40℃	15vol%
(5)	45℃	4vol%

危険物の性質並びにその火災予防及び消火の方法（10問）

問題26 次の危険物の類ごとに共通する性質のうち、誤っているものを一つ選べ。

(1) 第1類の危険物は、熱によって分解し酸素を発生する酸化性の固体である。
(2) 第2類の危険物は、着火しやすい、または引火しやすい可燃性の固体である。
(3) 第4類の危険物は、引火性を有する液体である。
(4) 第3類の危険物は、空気にさらされることにより、自然に発火する危険性を有するもの、または水と接触して発火若しくは可燃性ガスを発生する液体または固体の物質である。
(5) 第6類の危険物は、酸化性を有する可燃性の液体である。

問題27 第4類危険物の性質として、最も適切なものを一つ選べ。

(1) 蒸気は一般に空気より軽いので、拡散しやすい。

(2) 温度が高くなれば、発生する可燃性蒸気の量が増える。

(3) 点火源が無ければ発火しない。

(4) 常温以下で可燃性蒸気を出すものではない。

(5) 一般に伝導率が大きいので蓄熱し、自然発火しやすい。

問題28 第4類危険物を消火する場合、最も適切な方法を一つ選べ。

(1) 可燃物を取り除く。

(2) 可燃性蒸気の濃度を薄める。

(3) 可燃性蒸気の発生を抑制する。

(4) 引火点以下に冷却する。

(5) 酸素を遮断するか、または燃焼を化学的に抑制する。

問題29 次の特殊引火物に関する説明のうち、最も不適切なものを一つ選べ。

(1) 引火点が－20℃以下のもののみが該当し、冬季でも引火の危険性が高い。

(2) ジエチルエーテル、二硫化炭素、酸化プロピレン等が該当する。

(3) 発火点が100℃以下のものは特殊引火物に該当する。

(4) 引火点が－20℃以下で沸点が40℃以下のものは特殊引火物に該当する。

(5) 一般に第4類危険物のうち、発火点が最も低いものまたは最も気化しやすいものが該当する。

問題30 次のガソリンに関する説明のうち、正しいものを一つ選べ。

(1) 燃焼範囲は約0.4〜47vol%である。

(2) 発火点は第4類危険物のうちでは低い方で100℃である。

(3) 引火点は一般に－40℃である。

(4) 自動車用のものは一般に青色に着色されている。

(5) 蒸気比重は1.0である。

問題31 次のエタノールに関する性質のうち、最も不適切なものを一つ選べ。

(1) 沸点は水より低い。
(2) 水より軽く、水と任意の割合で混合する。
(3) 濃硫酸により脱水されてジエチルエーテルを生じる。
(4) 引火点は0℃以上で点火すると黒煙を上げて燃える。
(5) 無色で芳香のある液体である。

問題32 灯油に関する次の説明のうち、誤っているものを一つ選べ。

(1) 引火点は40～70℃で常温では引火しにくい。
(2) 比重は1より小さく、水に溶けない。
(3) 発火点は約160℃で、ウエス等に浸したときは自然発火しやすい。
(4) 蒸気比重は空気より大きい。
(5) ガソリンや重油とは混合しやすい。

問題33 次の軽油に関する説明のうち、不適切なものを一つ選べ。

(1) 引火点は灯油とほぼ同じである。
(2) 発火点は灯油とほぼ同じである。
(3) 比重は1以下である。
(4) 燃焼範囲はおおむね1.0～6.0vol%である。
(5) 蒸気は空気よりわずかに軽い。

問題34 次の重油に関する説明のうち、誤っているものを一つ選べ。

(1) 通常、常温では引火の危険性は少ない。
(2) 暗褐色の液体で成分は用途によって異なり、引火点等も一定していない。
(3) 蒸気は空気より重いので、低所に滞留する。

(4) 原油の300℃以上の留分である。
(5) 熱水に溶解する。

問題35 動植物油類が染み込んだウエスが自然発火した。この原因として考え
られる理由を一つ選べ。

(1) 蒸気比重が大きいから。
(2) 比重が大きいから。
(3) 酸化されやすいから。
(4) 引火点が低いから。
(5) 燃焼範囲が広いから。

《解答》

問題	正解	問題	正解	問題	正解	問題	正解
問1	(3)	問11	(1)	問21	(3)	問31	(4)
問2	(1)	問12	(4)	問22	(1)	問32	(3)
問3	(2)	問13	(2)	問23	(1)	問33	(5)
問4	(2)	問14	(3)	問24	(2)	問34	(5)
問5	(4)	問15	(3)	問25	(2)	問35	(3)
問6	(1)	問16	(4)	問26	(5)		
問7	(2)	問17	(4)	問27	(2)		
問8	(3)	問18	(2)	問28	(5)		
問9	(2)	問19	(1)	問29	(1)		
問10	(3)	問20	(4)	問30	(3)		

【合格ライン】

危険物に関する法令（問1～15）：9問以上正解

基礎的な物理学及び基礎的な化学（問16～25）：6問以上正解

危険物の性質並びにその火災予防及び消火の方法(問26～35)：6問以上正解

解説

1 正解（3） →テーマNo.22, 34

同じ分類の中で水溶性と非水溶性がある場合には、水溶性の指定数量は非水溶性の2倍量となる。

危険物の品名と指定数量は、確実に覚えておこう！

2 正解（1） →テーマNo.34

指定数量は危険物の危険性を考慮して定められる数量で、危険物の規制に関する政令別表3で定められている。

3 正解（2）→テーマNo.32

危険物であればどんな場合でも規制の対象になるのではなく、ある一定数量（指定数量）以上を貯蔵または取扱う場合に規制対象となる。指定数量未満の場合は市町村条例の規制対象となる。ただし、航空機や船舶、鉄道等で危険物を取扱う場合には、指定数量以上であっても消防法の規制を受けず、他の法律で規制する（適用除外）。

よって、（2）は指定数量のことを一切考えていないので不適切。

4 正解（2）→テーマNo.32, 33

申請・許可等について次にまとめる。

仮貯蔵・仮取扱：消防長または消防署長の承認により10日以内に限りOK

仮使用：変更の工事に係る部分以外の部分を使用することについて、市町村長の承認を受けたとき

変更：市町村長が行う完成検査を受け、これに合格した後でないと使用不可

複数の市町村エリアにまたがる場合の許可権限は、都道府県知事、複数の都府県にまたがる変更は総務大臣となるため、（2）が不適切である。内閣総理大臣ではなく、総務大臣が正解だ。

5 正解（4）→テーマNo.36, 37

丙種危険物取扱者は特殊引火物を取扱うことができないぞ。丙種危険物取扱者が扱うことができる危険物は、ガソリン、灯油、軽油、第三石油類、第四石油類及び動植物油類。特殊引火物は扱えない。

6 正解（1）→テーマNo.37

取扱う危険物の指定数量の倍数しだいでは、危険物保安監督者の設置が義務になっている製造所等があるが、移動タンク貯蔵所（タンクローリー車）はそれに関係なく設置義務がない。他の施設は固定（土地に定着）しているのに対して、移動タンク貯蔵所は常に移動しており、固定で危険物保安監督者を設置しづらいからだ。

7 正解（2）→テーマNo.38

製造所等における予防規程の策定義務については、取扱う危険物の指定数量の

倍数によって基準が決まっているが、屋内・簡易・地下・移動タンク貯蔵所と販売取扱所については、指定数量の倍数に関係なく、予防規程の策定義務が免除されている。

8 正解（3）→テーマNo.42, 47

すべての製造所等において避雷設備を設けなければならないわけではない。正しくは、避雷設備は、取扱う危険物の指定数量の倍数が10以上の施設において設置義務が課せられている。

9 正解（2）→テーマNo.47

引火性蒸気は発生させないようにするのが正しく、その発生蒸気量を測るというのは、本来のあるべき姿ではない。よって、「(2) 発生する蒸気の濃度を自動的に計測する装置」は、不要な設備だ。

10 正解（3）→テーマNo.51

多くのガソリンスタンドには、洗車や車検、タイヤやオイルの交換を行う場所があるはずだ。また。休憩するための控え室では、飲食ができたり、カーグッズの販売や展示を行っていたり、そこで働く従業員の事務スペースやレジ等を見たことがある人も多いはずだ。ということは、(3) 以外はすべて認められるものといえる。

よって、建築物の用途として認められないのは、「(3) 給油等のために給油取扱所へ出入りするものを対象とした遊技場」だ。

11 正解（1）→テーマNo.43

製造所等の掲示板に表示すべき事項は、右図を参照すると、「(1) 所有者、管理者または占有者の氏名」以外はすべて必要な記載事項であることが分かる。

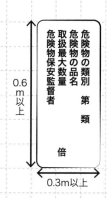

危険物の類別 第 類
危険物の品名
取扱最大数量
危険物保安監督者

0.6m以上

倍

0.3m以上

12 正解 (4) →テーマNo.53

(1) 完成検査済証の原本は常備する必要がある。写しではダメ。

(2) 屋外貯蔵タンクの防油堤の水抜口は、いざというときに危険物の流出を止めておけるよう、使用時以外は閉鎖しておく。

(3) 危険物を保護液に浸す目的は、空気に触れさせないためである（第3類危険物の話だ）。よって、一部を露出させるのはNG。

(4) 正しい。移動貯蔵タンクの底弁は使用時以外は閉鎖しておく。

(5) 原則、類が異なる危険物を同時に貯蔵することはできない。

13 正解 (2) →テーマNo.53

(1) 頻度は、<u>1日1回以上</u>である。

(2) 正しい。危険物が残存している状態で、設備、容器等を修理してはならない。

(3) 火気は使用厳禁である。

(4) このような決まりはない。あふれないようにすることが原則であり、あふれた場合には速やかに最寄りの消防機関へ連絡する。

(5) 電気設備や配線との接続を完全にしたとしても、火花放電やショートする可能性もあるので、防爆構造とする必要がある。

14 正解 (3) →テーマNo.53

「運搬」と「移送」の定義は異なる。

・運搬…危険物を車両（トラックなど）を用いて運ぶ行為

・移送…移送取扱所や移動タンク貯蔵所（タンクローリー車）で危険物を運搬する行為

移動タンク貯蔵所を用いての運搬を特に「移送」というが、運ぶことについての行為全般は「運搬」にあたる。

(1) 上記より、誤り。

(2) 移動タンク貯蔵所も危険物取扱者の免状携行義務がある。

(3) 正しい。「移送」は危険物を収載した移動タンク貯蔵所を運行する場合（休憩等による停車中も含む）をいう。

(4) 運搬については、届出や許可手続義務がない。

(5) 運搬する場合の車両には危険物表示を設置する義務がある。

15 正解 (3) →テーマNo.53

混載のルールは次の図で復習しよう。

	第1類	第2類	第3類	第4類	第5類	第6類
第1類		×	×	×	×	○
第2類	×		×	○	○	×
第3類	×	×		○	×	×
第4類	×	○	○		○	×
第5類	×	○	×	○		×
第6類	○	×	×	×	×	

①第1類と第6類：同じ性質（酸化性物質の固体か液体）
②第2類と第4類：同じ性質（引火・可燃性）
③第3類と第4類：保存関係（KやNaを灯油中に浸漬保存）
④第4類と第5類：同じ性質（有機化合物）
⑤第2類と第5類：同じ性質（可燃性）

よって、正しい組合せは（3）。

16 正解 (4) →テーマNo.01

（1）水の密度は約4℃で最大となる。
（2）氷の比重は1以下（氷が水に浮かぶ！）である。
（3）水素は分子量2.0、空気は窒素を主成分とする混合気体で、平均分子量28.8なので、水素の方が比重が小さい。
（4）正しい。水の比重は1で、それより比重が小さいと水に浮く。
（5）液体の比重は、純粋な水の1気圧4℃における密度で表す。

17 正解 (4) →テーマNo.03

「圧力と体積、温度」と出てきたら、ボイル・シャルルの法則「$\dfrac{PV}{T}=$一定」の関係式を利用するんだ。

問題文では、体積一定とあるのでVは共通だが、残りのP（圧力）とT（温度）

の関係は正比例になる。圧力を P、求める温度を X とする。

温度30℃のとき $= \dfrac{P}{T} = \dfrac{P}{273+30}$　　　求める圧力2倍のとき $= \dfrac{P}{T} = \dfrac{2P}{X}$

これが一定という関係式になるので、イコールで結ぶ。

$$\dfrac{P}{273+30} = \dfrac{2P}{X}$$　（→両辺のPは共通しているので省略）

$$\dfrac{1}{273+30} = \dfrac{2}{X}$$　（→分数解消のため、両辺に X（273+30）をかける）

X = 2×303 = 606

これは絶対温度表記なので、セ氏温度に換算すると、606−273＝333℃となる。

18 正解（2）→テーマNo.04

(1) は対流、(2) は放射、(3) は伝導、(4) は伝導を防止するための措置、(5) は対流だ。

19 正解（1）→テーマNo.05

静電気は電気の不導体に蓄積しやすい。ナイロンは石油製品で、乙種第4類危険物の多くは不導体のため、静電気の蓄積には注意する。

20 正解（4）→テーマNo.05

熱量に関する計算問題。まずは熱量の問題で温度差と比熱が記載されている場合には、「Q=mS⊿T …①」 の公式を使おう。

一方で、電気抵抗と電圧、電流が記載されている場合には、「Q=VI t …②」（ジュール熱）の公式を使う。

よって、本問は①と②をともに計算して求める問題だ。

まずは①。500gの水の温度を10℃上昇させたい。そのときの比熱は4.207。よって、m＝500、S＝4.207、⊿T＝10より、

Q＝500×4.207×10 …③

次に②。電圧は1Vとヒントがあるが、電流（I）のヒントがないので、これはオームの法則（エリちゃんの法則）から求める。エリちゃんの法則を使うと、

$$I = \dfrac{E}{R} = \dfrac{1}{0.01} = 100$$ となる。よって、

Q＝1×100×t＝100t …④

ここで、左辺がどちらも同じQなので、「③＝④」とする。

500×4.207×10＝100t （→「t＝」の形に整理）

t＝5×4.207×10＝210.35

よって、最も近い選択肢は（4）の210秒。

21 正解（3） →テーマNo.09

1molの物質は標準状態で22.4ℓの体積となる。また、物質は1mol集まるとそこには分子量分のグラム数が存在することになる。問題文の反応式では、2molの水素と1molの酸素が反応して、2molの水蒸気とともに486kJの熱が発生したことになる。

（1）水素1molあたりでは上記の半分243kJの発熱がある。

（2）モル数をグラムに正しく換算している。

（3）誤り。標準状態において水素44.8ℓと酸素22.4ℓの混合気体に点火すると、水が2mol発生するので、発生する水蒸気は22.4ℓの2倍の44.8ℓが正しい。

（4）熱化学方程式を見ると、「＋」とあるので、これは発熱反応だ。

（5）記述の通り。

22 正解（1） →テーマNo.10

まずは求める硫酸のモル濃度はXmolとして、酸性側の規定度を考える。規定度は、濃度×液量×価数で求めることができる。

[酸性物質の規定度]

硫酸：Xmol×0.1ℓ×2価＝0.2X

塩酸：1mol×0.025ℓ×1価＝0.025

一方、水酸化ナトリウム水溶液も同様に規定度を求める。

水酸化ナトリウム水溶液：2mol×0.045ℓ×1価＝0.09

これらが過不足無く反応したことになるので、このときに、「酸の規定度＝塩基の規定度」より、

0.2X＋0.025＝0.09 （→「X＝」の形に整理）

X＝0.325

となる。よって、最も近い数字の（1）0.33が正しい。

23 正解 (1) →テーマNo.06, 11
(1) は塩素酸カリウムから、塩化カリウムと酸素に分離している反応で、酸素と離れているのであるから、「還元」が正しい。

24 正解 (2) →テーマNo.17
可燃性液体の燃焼は、液体から気体が発生し、これらが空気と混合して混合蒸気を組成し、これが反応する濃度になったときに燃える。そのときの最小温度が引火点であることも忘れずにな！

25 正解 (2) →テーマNo.18
問題文より、液温35℃で7vol%のときに燃えたことになる。この近辺がこの引火性液体の引火点であると推察されるので、記述の中では温度については、(1)～(3) が該当する。続いて、燃焼範囲の濃度だが、問題文は7vol%と記載されているので、その前後で可能性を考えると、選択肢中では(2)の6vol%が正しいと推察される。

26 正解 (5) →テーマNo.22, 23
第6類は、酸化性を有する不燃性の液体である。
危険物の類ごとに共通する性質は確実に押さえておこう。

27 正解 (2) →テーマNo.23
第4類危険物の性質としては、蒸気比重は空気より重く、液体比重は軽いものがほとんどだ。常温で可燃性蒸気を発生させるものがあり、その取扱には注意がいる。また、加熱していくと発生する可燃性蒸気は増えることから、温度管理も重要となる。

28 正解 (5) →テーマNo.19
第4類危険物の火災の予防方法は、可燃性蒸気の発生を抑制するか、発生した際にはその濃度を薄める、また引火点以上の温度にしない（冷却する）方法も有効。可燃物については、引火性蒸気が燃えていることから、その除去は難しく、消火については酸素供給源を遮断する方法（窒息消火）が最も有効だ。

29 正解 (1) →テーマNo.24

特殊引火物の基本的な性質は次の通り。

一般に第4類危険物のうち、発火点が最も低いもの、または最も気化しやすいものが該当し、物質としては、ジエチルエーテル、二硫化炭素、酸化プロピレン、アセトアルデヒドが該当する。温度の区分として、①引火点が−20℃以下で沸点が40℃以下または②発火点が100℃以下の2区分に分けられる。

(1) では「引火点が−20℃以下のもの<u>のみ</u>が該当し、冬季でも引火の危険性が高い。」とあるが、「のみ」は言い過ぎだ。上記にもある通り、発火点が100℃以下のものもあるから、この記述は誤り。

30 正解 (3) →テーマNo.25

ガソリンの基本的な性質は次の通り。

燃焼範囲は約1.4〜7.6vol%、発火点約300℃、第一石油類の特徴である引火点は21℃未満であるが、ガソリンの引火点は特に低く、−40℃。自動車用ガソリンについては、工業用ガソリンと区別するために、オレンジ色に着色されていて、蒸気比重は3〜4、液体比重は0.65〜0.75である。

31 正解 (4) →テーマNo.26

エタノールに関する性質は次の通り。

液体比重0.79、沸点78℃、引火点13℃、無色で芳香臭のある液体。エタノールはエチル基のベースになっていることから、濃硫酸で脱水すると、ジエチルエーテルが生じる。水と有機溶剤に溶ける。エタノールは燃焼すると、二酸化炭素と水に分かれる。

(4) の黒煙を上げて燃えるような特徴はないので、誤り。

32 正解 (3) →テーマNo.27

灯油に関する性質は次の通り。

比重約0.8、沸点範囲145〜270℃、引火点40℃以上、発火点約220℃、燃焼範囲1.1〜6.0vol%、無色または淡紫黄色の液体で水には溶けず、油脂などを溶かす。

(3) は発火点が異なるので、誤り。

33 正解 (5) →テーマNo.27

軽油に関する性質は基本的に灯油と同じ。異なる点は次の通り。

沸点170〜370℃、引火点45℃以上、淡黄色または淡褐色の液体。

軽油に限らず、第4類危険物の蒸気は、すべて空気より重いので、(5) が誤り。

34 正解 (5) →テーマNo.28

重油に関する性質は次の通り。

比重は0.9〜1.0、沸点300℃以上、引火点60〜150℃、発火点250〜380℃、暗褐色の粘性の高い液体で水に溶けない。

よって、(5) が誤り。水に溶けないので、熱水にも溶けない。

35 正解 (3) →テーマNo.30

動植物油類は、引火点が250℃未満なので、基本的には常温での危険性は高くない。ただし、ヨウ素価の高い動植物油類等は、空気に触れることで徐々に反応熱が蓄積して、引火・発火することがある。

よって、染み込んだウエスが自然発火した原因としては、動植物油類が酸化されやすく、そのときの反応熱の蓄積によって、自然発火したと考えるのが妥当である。

危険物に関する法令（15問）

問題1 法別表第一に定める第4類危険物の品名について、誤っているものは
どれか。

(1) ジエチルエーテルは、特殊引火物に該当する。
(2) ガソリンは、第一石油類に該当する。
(3) クレオソート油は、第二石油類に該当する。
(4) 重油は、第三石油類に該当する。
(5) ギヤー油は、第四石油類に該当する。

問題2 法令上、次の危険物のうち、屋外貯蔵所で貯蔵しまたは取り扱うこと
ができないものはどれか。

(1) 引火性固体（引火点が0℃以上のものに限る）
(2) 第一石油類（引火点が0℃以上のものに限る）
(3) アセトアルデヒド
(4) アルコール類
(5) 動植物油類

問題3 現在、灯油200ℓを貯蔵している同一の場所に危険物を貯蔵した場
合、法令上指定数量以上となるものは、次のうちどれか。

(1) ギヤー油　　　1,000ℓ
(2) 軽油　　　　　200ℓ
(3) 重油　　　　　1,600ℓ

(4) ガソリン　　　100ℓ
(5) シリンダー油　2,000ℓ

....

問題4 法令上、製造所等の消火設備において、次のうち誤っているものはどれか。

(1) 霧状の強化液を放射する小型消火器及び乾燥砂は、第5種の消火設備である。
(2) 所要単位の計算方法として危険物は、指定数量の10倍を1所要単位とする。
(3) 地下タンク貯蔵所は、第5種の消火設備を2個以上設けること。
(4) 電気設備に対する消火設備は、電気設備のある場所の100m²毎に第5種消火設備を1個以上設けること。
(5) 消火粉末を放射する大型消火器は、第5種の消火設備である。

....

問題5 法令上、製造所等の仮使用について、次の文のA～Cにあてはまる法令に定められた語句の組合せとして、正しいものはどれか。

「製造所等の変更をする場合に、変更に関わる部分以外の部分の （ A ） について （ B ） の （ C ） を受け、完成検査を受ける前に仮に使用すること。」

	A	B	C
(1)	一部	市町村長等	承認
(2)	一部	都道府県知事	認定
(3)	全部または一部	市町村長等	承認
(4)	全部または一部	都道府県知事	承認
(5)	全部または一部	市町村長等	認定

問題6 法令上、危険物取扱者免状について、次のうち誤っているものはどれか。

(1) 危険物取扱者免状は、都道府県知事が交付する。
(2) 危険物取扱者は、免状の記載に変更があった場合は、遅滞なく免状の書換えを申請しなければならない。
(3) 危険物取扱者免状を亡失してその再交付を受けた者は、亡失した免状を発見した場合、これを10日以内に免状の再交付を受けた都道府県知事に提出しなければならない。
(4) 危険物取扱者免状の交付を受けている者は、都道府県知事が行う危険物の取扱い作業の保安に関する講習（保安講習）を、3年毎に受けなければならない。
(5) 危険物取扱者が、法および法に基づく命令の規定に違反しているときは、危険物取扱者免状の返納を命ぜられることがある。

問題7 次の説明文中の空白AとBに該当する組合せで、正しいものはどれか。

「製造所等の用途を廃止したとき、製造所等の所有者等は（　A　）その旨を（　B　）に届出なければならない。」

	A	B
(1)	7日以内に	市町村長等
(2)	10日以内に	市町村長等
(3)	10日以内に	所轄消防長または消防署長
(4)	遅滞なく	市町村長等
(5)	遅滞なく	所轄消防長または消防署長

問題8 製造所等の許可の取消し、または使用停止命令の発令事由に該当しないものは、次のうちどれか。

(1) 許可を受けないで、製造所等の位置、構造、設備を変更したとき。
(2) 完成検査済証の交付前に、製造所等を使用したとき。
(3) 市町村長等が行う修理、改造、移転の命令に従わなかったとき。
(4) 定期点検の実施が必要であるにもかかわらず定期点検を行わなかったとき、または点検記録を保存していないとき。
(5) 製造所等の譲渡または引き渡しがあった場合に、市町村長等への届出を怠ったとき。

問題9 危険物の運搬容器の外部に表示する注意事項として、次のうち正しいものはどれか。

(1) 第2類の危険物にあっては、「火気厳禁」
(2) 第3類の危険物にあっては、「可燃物接触注意」
(3) 第4類の危険物にあっては、「火気注意」
(4) 第5類の危険物にあっては、「禁水」
(5) 第6類の危険物にあっては、「衝撃注意」

問題10 危険物取扱者と危険物保安監督者について、次のうち誤っているものはいくつあるか。

A：製造所等において、貯蔵量、取扱量に関係なく危険物保安監督者を定めなければならない。
B：製造所等において、危険物保安監督者を定められるのは所有者等である。
C：丙種危険物取扱者は、アルコール類と特定の第四類危険物を取扱うことが可能であり、危険物保安監督者になることができる。
D：製造所等において危険物を取扱うには、甲種または乙種の危険物取扱者の立会いがいる。

E：都道府県知事が行う保安講習を3年に1度、受講しなければならないが、危険物取扱作業に従事していない者には受講義務がない。

(1) 1つ　　　(2) 2つ　　　(3) 3つ　　　(4) 4つ　　　(5) 5つ

問題11 保安のための離隔距離（保安距離）を設けなければならない施設は、次のうちどれか。

(1) 大学・専門学校
(2) 病院
(3) 電圧50,000Vの地中埋設送電線路
(4) 重要文化財の絵画を保管する倉庫
(5) 製造所等の同一敷地内にある住宅

問題12 法令上、危険物取扱者免状の再交付を受けているものが、免状を亡失・滅失若しくは、汚損・破損した場合の再交付の申請について、次のA〜Eのうち正しい組合せはどれか。

A：当該免状を交付した都道府県知事に申請することができる。
B：当該免状の書換えをした都道府県知事に申請することができる。
C：勤務地を管轄する都道府県知事に申請することができる。
D：当該免状を破損し再交付の申請を行う場合は、当該免状を添えて申請しなければならない。

(1) A・B　　(2) A・D　　(3) C　　(4) A・B・D　　(5) C・D

問題13 法令上、製造所等における危険物の貯蔵、または取扱のすべてに共通する技術上の基準として、次のうち誤っているものはどれか。

(1) 危険物が漏れ、あふれ、または飛散しないように必要な措置を講じなければならない。

(2) 製造所等においては、いかなる場合であっても火を取り扱ってはならない。

(3) 常に整理及び清掃に努めなければならない。

(4) 危険物のくず、カス等は1日に1回以上当該危険物の性質に応じて安全な場所で廃棄その他適当な処置をしなければならない。

(5) 許可若しくは届出に係る品名以外の危険物、またはこれらの許可若しくは届出に係る数量若しくは指定数量の倍数を超える危険物を貯蔵し、または取り扱ってはならない。

問題14 製造所等の定期点検に関する次の記述のうち、誤っているものはどれか。

(1) 定期点検は、製造所等の位置、構造及び設備等が技術上の基準に適合しているかどうかについて行う。

(2) 定期点検は、所有者等が選任すれば誰でも行うことができる。

(3) 引火性液体を屋外タンクに貯蔵する場合、容量が10,000kℓ以上の場合、タンク内部も点検しなければならない。

(4) 定期点検の記録は、一定期間保存しなければならない。

(5) 定期点検は、原則として1年に1回以上行わなければならない。

問題15 危険物の移送にかかる次の文中の（　　）にあてはまるものはどれか。

「移動タンク貯蔵所による危険物の移送では、1人の運転要員による運転時間が1日あたり（　　　　）時間を超える移送の場合は、2人以上の運転要員を確保しなければならない。」

(1) 6　　　(2) 7　　　(3) 8　　　(4) 9　　　(5) 10

基礎的な物理学及び基礎的な化学（10問）

問題16 液温0℃のガソリン1,000ℓを温めたら1,020ℓになった。このときの液温として、最も近い値は次のうちどれか。ただし、ガソリンの体膨

張率を$1.35×10^{-3}K^{-1}$とする。

(1) 5℃　　(2) 10℃　　(3) 15℃　　(4) 20℃　　(5) 25℃

(問題17) 静電気について、次のうち誤っているものはどれか。

(1) 静電気は、摩擦によっても発生する。
(2) 電気の不導体に帯電しやすい。
(3) 帯電防止策として、接地する方法がある。
(4) 静電気は、空気が乾燥しているほど蓄積しやすい。
(5) 配管に流れる液体の静電気発生を少なくするには、流速を速くすればよい。

(問題18) 次の現象のうち、物理変化はどれか。

(1) 空気中に放置した鉄が錆びる。
(2) ニクロム線に電気を通すと赤熱する。
(3) アルコールが空気中で燃焼する。
(4) 木炭が燃焼して灰になる。
(5) プロパンが燃焼すると、二酸化炭素と水を生じる。

(問題19) 硝酸189kgを中和するのに1袋25kg入りの炭酸ナトリウムを使うとき、最小必要数は次のうちどれか。ただし、反応式は以下の通りで、硝酸の分子量は63、炭酸ナトリウムの分子量は106とする。

$2HNO_3 + Na_2CO_3 \rightarrow 2NaNO_3 + CO_2 + H_2O$

(1) 4袋　　(2) 5袋　　(3) 6袋　　(4) 7袋　　(5) 8袋

問題20 燃焼に関する記述について、次のうち誤っているものはどれか。

(1) 燃焼とは、急激な発熱、発光をともなう酸化反応のことである。
(2) 燃焼の三要素とは、可燃物、酸素供給源及び点火源のことである。
(3) 可燃物は、どんな場合でも空気がなければ燃焼しない。
(4) 点火源は、可燃物と酸素の反応を起こすために必要なエネルギーを与える
　　ものである。
(5) 固体の可燃物は、細かく砕くと燃焼しやすくなる。

問題21 金属が粉末になると燃焼する理由として、次の文のA〜Eの中で誤っ
　　　　ているものはどれか。

「金属は、熱伝導が高いので、酸化熱が (A) たまりにくく、金属は熱の (B)
導体であるため、燃えないが、粉末になると、見かけの表面積が (C) 大きく
なり、見かけの熱伝導率は (D) 大きくなるので、燃焼し (E) やすくなる。」
(1) A　　(2) B　　(3) C　　(4) D　　(5) E

問題22 可燃物と燃焼の仕方の組合せとして、次のうち誤っているものはどれか。

(1) アルコール … 蒸発燃焼
(2) 木炭 … 表面燃焼
(3) 木材 … 分解燃焼
(4) 重油 … 表面燃焼
(5) セルロイド … 内部（自己）燃焼

問題23 次の燃焼範囲の危険物を100ℓの空気と混合させ、その均一な混合気
　　　　体に電気火花を発すると、燃焼可能な蒸気量は次のうちどれか。燃焼
　　　　下限値1.3vol%　燃焼上限値7.1vol%

(1) 5ℓ　　(2) 10ℓ　　(3) 15ℓ　　(4) 20ℓ　　(5) 25ℓ

問題24 次の自然発火に関する文のA〜Eにあてはまる語句の組合せとして、正しいものはどれか。

「自然発火は、他から点火源が与えられなくても、物質が空気中で常温（20℃）において（　A　）し、その熱が長時間蓄積されて、ついに（　B　）に達し、自然発火するに至る現象である。自然発火性を有する物質が、自然発火する原因として、（　C　）、（　D　）、吸着熱、重合熱、発光熱等が考えられる。また、（　C　）による発熱により発火する物質の例としては（　E　）がある。」

	A	B	C	D	E
(1)	発熱	引火点	分解熱	酸化熱	セルロイド
(2)	発熱	引火点	燃焼熱	生成熱	乾性油
(3)	発熱	発火点	酸化熱	分解熱	乾性油
(4)	酸化	発火点	分解熱	酸化熱	乾性油
(5)	酸化	発火点	燃焼熱	生成熱	セルロイド

問題25 消火剤に関する説明として、次のうち誤っているものはどれか。

(1) リン酸塩類を主成分とする消火粉末は、石油類の火災に適応する。
(2) 水消火剤は、比熱と蒸発熱が大きいので冷却効果があり、石油類の火災に適応する。
(3) 泡消火剤は泡で燃焼を覆うので窒息効果があり、石油類の火災に適応する。
(4) ハロゲン化物は、ハロゲンが燃焼の負触媒として働くことにより、石油類の火災に適応する。
(5) 二酸化炭素は安定な不燃性ガスで放出時に気化して、酸素供給を断つ窒息効果があり、石油類の火災に適応する。

危険物の性質並びにその火災予防及び消火の方法（10問）

問題26 危険物の類ごとの性状として、次のうち正しいものはどれか。

(1) 第1類の危険物は、強還元性の液体である。
(2) 第2類の危険物は、不燃性であるが加熱すると分解して酸素を放出する。
(3) 第3類の危険物は、自然発火または水と接触して発火若しくは可燃性ガスを発生する。
(4) 第5類の危険物は、強酸化性の固体である。
(5) 第6類の危険物は、可燃性で強い酸化性がある。

....

問題27 ガソリンを注入する際、静電気の蓄積を防止する処置として、次のうち誤っているものはどれか。

(1) ガソリンを注入する際は、できるだけ流速を遅くする。
(2) 移動タンク貯蔵所に注入する際、移動タンク貯蔵所を電気的に絶縁した。
(3) 固定給油設備のホースは、アース線入りのものを用いた。
(4) 作業服は化学繊維ではなく木綿にした。
(5) 容器に詰替える室内の湿度を高くした。

....

問題28 移動タンク貯蔵所から地下タンクに危険物を注入する際、地下タンクが容量オーバーとなり危険物が流出する事故が度々発生しているが、このような事故を防止するために行う確認事項として、次のうち誤っているものはどれか。

(1) 注入する地下タンクと移動貯蔵タンクの残油量を確認すること。
(2) 移動貯蔵タンクの底弁の開閉に誤りがないか確認すること。
(3) 地下タンクの注入口の選択に誤りがないか確認すること。
(4) 地下タンクの計量口が開放されていること。

(5) 給油ホースと注入口が確実に結合されていること。

(問題29) 第4類の危険物火災の一般的消火方法として、次のうち誤っているものはどれか。

(1) 粉末消火剤は効果的である。
(2) 窒息消火は効果的である。
(3) 泡消火剤は効果的である。
(4) 強化液消火剤は霧状で放射すると効果的である。
(5) 引火点が低いので、注水による冷却消火が効果的である。

(問題30) 第4類危険物の性状として、次のうち誤っているものはどれか。

(1) すべて引火性の液体である。
(2) 常温（20℃）において、ほとんどが液体である。
(3) 水に溶けにくいものが多い。
(4) 水より軽いものが多い。
(5) 蒸気比重は、空気より軽いものが多い。

(問題31) 自動車用ガソリンの性状として、次のうち誤っているものはどれか。

(1) 引火点は－40℃以下である。
(2) 流動により静電気が発生しやすい。
(3) 水より軽い。
(4) 燃焼範囲は、おおむね1～8vol%である。
(5) 褐色または暗褐色の液体である。

問題32 酢酸の性状として、次のうち正しいものはどれか。

(1) 無色無臭の液体である。
(2) 水より軽い。
(3) 水とは任意の割合で混合するが、アルコールとエーテルには溶けない。
(4) 金属を腐食させる有機酸である。
(5) 引火点は常温（20℃）より低い。

問題33 動植物油類の性状として、次のうち誤っているものはどれか。

(1) 引火点以上に加熱すると、火花などで引火する危険性がある。
(2) 乾性油は、ぼろ布に染み込ませて積み重ねると自然発火することがある。
(3) 水に溶けない。
(4) 一般に無色透明な液体である。
(5) 引火点は300℃程度である。

問題34 流動によって静電気が最も帯電しにくいものは、次のうちどれか。

(1) トルエン　　(2) ベンゼン　　(3) 軽油
(4) ガソリン　　(5) エチルアルコール

問題35 ベンゼンとトルエンの性状として、次のうち誤っているものはどれか。

(1) 無色透明な液体である。
(2) 水に溶けるがアルコールには溶けない。
(3) 引火点は常温（20℃）より低い。
(4) 芳香族炭化水素に属し、蒸気は芳香性がある。
(5) 樹脂、油脂、ゴムをよく溶かす。

→ 模擬問題 第2回 　解答解説

《解答》

問題	正解
問1	(3)
問2	(3)
問3	(3)
問4	(5)
問5	(3)
問6	(4)
問7	(4)
問8	(5)
問9	(1)
問10	(2)

問題	正解
問11	(2)
問12	(4)
問13	(2)
問14	(2)
問15	(4)
問16	(3)
問17	(5)
問18	(2)
問19	(4)
問20	(3)

問題	正解
問21	(4)
問22	(4)
問23	(1)
問24	(3)
問25	(2)
問26	(3)
問27	(2)
問28	(4)
問29	(5)
問30	(5)

問題	正解
問31	(5)
問32	(4)
問33	(5)
問34	(5)
問35	(2)

【合格ライン】

危険物に関する法令（問1～15）：9問以上正解

基礎的な物理学及び基礎的な化学（問16～25）：6問以上正解

危険物の性質並びにその火災予防及び消火の方法(問26～35)：6問以上正解

解説

1 正解（3） →テーマNo.22, 31

クレオソート油は第三石油類に該当する。

2 正解（3） →テーマNo.46

屋外に貯蔵できるのは、第2類の硫黄と引火性固体、第4類危険物の第一石油類（引火点0℃以上）、アルコール類、第二・三・四石油類、動植物油類。アセトアルデヒドは特殊引火物なので、屋外には貯蔵できない。

3 正解(3) →テーマNo.35

灯油の指定数量は1,000ℓなので、200ℓは200÷1,000＝0.2となり、あと0.8で指定数量以上となる。

(1) ギヤー油：1,000÷6,000≒0.17
(2) 軽油：200÷1,000＝0.2
(3) 重油：1,600÷2,000＝0.8
(4) ガソリン：100÷200＝0.5
(5) シリンダー油：2,000÷6,000≒0.33

よって、(3)の重油1,600ℓが正解だ。

4 正解(5) →テーマNo.44

大型消火器は第4種である。

5 正解(3) →テーマNo.33

仮使用は、変更部分以外の全部または一部を仮に使用するもので、市町村長等の承認が必要になる。用語を入れた文章は、次の通り。

「製造所等の変更をする場合に、変更に関わる部分以外の部分の_(A全部または一部)_について_(B市町村長等)_の_(C承認)_を受け、完成検査を受ける前に仮に使用すること。」

6 正解(4) →テーマNo.36, 37

保安講習は、製造所等において危険物の取扱作業に現に従事している危険物取扱者が受けるもの。免状の交付を受けていても、作業に従事しない人は講習を受ける必要はない。

7 正解(4) →テーマNo.32

製造所等の用途を廃止したときは、遅滞なく市町村長等に届け出る。

8 正解(5) →テーマNo.54

製造所等を譲渡または引渡をしたときの届出を怠ると、早く出すよう指導を受けるが、許可の取消しや使用停止にはならない。

9 正解 (1) →テーマNo.43

第3類は火気厳禁・禁水、第4類は火気厳禁、第5類は火気厳禁・衝撃注意、第6類は可燃物接触注意が正しい。

10 正解 (2) →テーマNo.37

危険物保安監督者を必ず選任しなければいけないのは、製造所、屋外タンク貯蔵所、給油取扱所、移送取扱所であって、製造所等（すべての施設）ではないから、Aは誤り。丙種危険物取扱者はアルコール類の取扱はできないし、危険物保安監督者になることもできないので、Cも誤り。よって、誤りは2つ。

11 正解 (2) →テーマNo.42

保安距離が必要なのは病院。「(1) 大学・専門学校」は高等学校以下の学校ではないので誤り。「(3) 地中埋設送電線路」は架空ではないので誤り。(4)(5) 倉庫および同一敷地内の住宅も保安距離の対象ではない。

12 正解 (4) →テーマNo.36

勤務地を管轄する都道府県知事への申請は、書換等の場合だけ認められており、再交付の場合はNG。よって、Cのみ誤り。

13 正解 (2) →テーマNo.53

製造所等においては、「みだりに」火を扱ってはいけない。「いかなる場合であっても」という表現は誤り。

14 正解 (2) →テーマNo.40

定期点検は、危険物取扱者か危険物施設保安員、危険物取扱者の立会いを受けた人なら、誰でも行える。所有者等の選任は不要である。

15 正解 (4) →テーマNo.53

1人の運転時間が9時間を超える移送の場合は、2人以上の運転要員の確保が必要。危険物を大型の移動タンク貯蔵所で移送するのは、とても気を遣うから、1日以上運転する場合には2名以上の要員が必要と覚えておくといいぞ。

16 正解（3）→テーマNo.04

温度変化をΔTとすると、次のように計算できる。

$1,020 = 1,000 + 1,000 \times \Delta T \times 1.35 \times 10^{-3}$

$20 = \Delta T \times 1.35$

$\Delta T = \dfrac{20}{1.35} = 14.814\cdots \fallingdotseq 15℃$

17 正解（5）→テーマNo.05

配管を流れる液体の流速を速くすると摩擦が増えて静電気が発生しやすくなる。よって、給油時は流速を遅くすることが、静電気対策として有効。

18 正解（2）→テーマNo.06

（2）は温度上昇しただけの物理変化だ。（1）は酸化、（3）～（5）は燃焼でいずれも化学変化である。

19 正解（4）→テーマNo.14

与えられた反応式から、硝酸2mol（分子量63×2）を中和するのに、炭酸ナトリウム1mol（分子量106）が必要となる。よって硝酸189kgを中和するのに必要な炭酸ナトリウムの量は、

$189 \div (63 \times 2) \times 106 = 159$（kg）

となる。問題では、炭酸ナトリウム1袋は25kgなので、

$159 \div 25 = 6.36$（袋）

よって、最低で7袋必要なので、（4）が正解。

20 正解（3）→テーマNo.17

セルロイドやニトロセルロースなどは、内在している自らの酸素で燃える（内部燃焼）。「どんな場合でも」という表現が誤り。

21 正解（4）→テーマNo.04

金属が粉末になると、見かけの熱伝導率が小さくなり、熱がたまりやすくなるので燃焼しやすくなる。

22 正解 (4) →テーマNo.17

重油は蒸発燃焼のため、（4）が誤り。第4類危険物は、すべて蒸発燃焼である。

23 正解 (1) →テーマNo.18

100ℓの空気と混合させたときに、与えられた燃焼範囲（1.3vol%～7.1vol%）になるのは、（1）の5ℓ（5÷105≒4.8%）の危険物蒸気だけである。

24 正解 (3) →テーマNo.09, 18

空白に正しく用語を入れると、次の文章になる。

「自然発火は、他から点火源が与えられなくても、物質が空気中で常温（20℃）において（A発熱）し、その熱が長時間蓄積されて、ついに（B発火点）に達し、自然発火するに至る現象である。自然発火性を有する物質が、自然発火する原因として、（C酸化熱）、（D分解熱）、吸着熱、重合熱、発光熱等が考えられる。また、（C酸化熱）による発熱により発火する例としては（E乾性油）がある。」

25 正解 (2) →テーマNo.19, 44

水は石油類の火災に適さない。石油類は水に浮くため、水面に浮かんで燃え広がってしまう可能性がある。

26 正解 (3) →テーマNo.21

第1類と第6類の危険物は、酸化性の物質で燃焼しない。第2類の危険物は可燃性。第5類の危険物は、自己反応性の固体または液体。

27 正解 (2) →テーマNo.05, 25

移動タンク貯蔵所は、静電気が発生しないようにタンクを接地する。電気的に絶縁してしまうと、静電気がたまってしまい、火花放電による火災の原因となってしまう。

28 正解 (4) →テーマNo.49

地下タンクの計量口は、計量するとき以外は常時閉めておく。

29 正解（5）→テーマNo.22, 44
第4類危険物火災の消火では、水と棒状の強化液は使えない。

30 正解（5）→テーマNo.22
第4類危険物の蒸気は、すべて空気より重い。

31 正解（5）→テーマNo.25
ガソリンは無色だが、自動車用ガソリンはオレンジ色に着色しているぞ。「褐色または暗褐色」は誤り。また、引火点は−40℃、発火点は300℃、燃焼範囲は1.4〜7.6vol%。

32 正解（4）→テーマNo.27
酢酸は、刺激臭があり、水より重く、アルコールやエーテルに溶け、第二石油類なので引火点は常温20℃より高い。

33 正解（5）→テーマNo.30
動植物油類の引火点は250℃未満である。

34 正解（5）→テーマNo.22
静電気が帯電しにくいものは、水に溶けるものである。

35 正解（2）→テーマNo.25
ベンゼン、トルエンは非水溶性のため、水に溶けない。アルコールや有機溶剤には溶ける。

329

Appendix | 付録

◆主な第4類危険物の一覧

品名	物品名	水溶性	比重	引火点	沸点	発火点	燃焼範囲 (vol%)
特殊引火物	ジエチルエーテル	△	0.7	−45℃	35℃	160℃	1.9〜48
	二硫化炭素	×	1.3	−30℃以下	46℃	90℃	1〜50
	アセトアルデヒド	○	0.8	−39℃	21℃	175℃	4〜60
	酸化プロピレン	○	0.8	−37℃	35℃	449℃	2.3〜36
第1石油類	ガソリン	×	0.65〜0.75	−40℃	40〜220℃	300℃	1.4〜7.6
	ベンゼン	×	0.9	−11℃	80℃	498℃	1.2〜7.8
	トルエン	×	0.9	4℃	111℃	480℃	1.1〜7.1
	酢酸エチル	×	0.9	−4℃	77℃	426℃	2〜11.5
	メチルエチルケトン	×	0.8	−9℃	80℃	404℃	1.7〜11.4
	アセトン	○	0.8	−20℃	57℃	465℃	2.15〜13
	ピリジン	○	0.98	20℃	115.5℃	482℃	1.8〜12.4
アルコール類	メタノール	○	0.8	11℃	64℃	464℃	6〜36
	エタノール	○	0.8	13℃	78℃	363℃	3.3〜19
	1−プロパノール	○	0.8	15℃	97.2℃	412℃	2.1〜13.7
	2−プロパノール	○	0.79	12℃	82℃	399℃	2〜12.7
第2石油類	灯油	×	0.8	40℃以上	145〜270℃	220℃	1.1〜6
	軽油	×	0.85	45℃以上	170〜370℃	220℃	1〜6
	キシレン	×	0.86〜0.88	27〜33℃	138〜144℃	463〜528℃	1〜7
	1−ブタノール	×	0.8	29℃	117℃	343℃	1.4〜11.2
	クロロベンゼン	×	1.11	28℃	132℃	593℃	1.3〜9.6
	酢酸	○	1.05	39℃	118℃	463℃	4〜19.9
	プロピオン酸	○	1	52℃	140.8℃	465℃	2.9〜12.1
	アクリル酸	○	1.06	51℃	141℃	438℃	3.9〜20
第3石油類	重油	×	0.9〜1.0	60〜150℃	300℃以上	250〜380℃	−
	クレオソート油	×	1.0以上	73.9℃	200℃以上	336℃	−
	アニリン	×	1.01	70℃	184℃	615℃	−
	ニトロベンゼン	×	1.2	88℃	211℃	482℃	−
	エチレングリコール	○	1.1	111℃	198℃	398℃	−
	グリセリン	○	1.3	199℃	291℃	370℃	−
第4石油類	ギヤー油	×	−	200〜249℃	−	−	−
	タービン油	×	−		−	−	−
	シリンダー油	×	−		−	−	−
動植物油類	アマニ油	×	−	250℃未満	−	−	−
	菜種油	×	−		−	−	−
	ヤシ油	×	−		−	−	−

※「水溶性」の列は「○：水溶性」「×：非水溶性」「△：わずかに溶ける」を表す。

◆危険物の分類

危険物の分類	取扱に必要な免状		性質	状態	主な物品
第1類	乙種1類	甲種	酸化性	固体	塩素酸塩類、過塩素酸塩類、無機過酸化物、亜塩素酸塩類など
第2類	乙種2類		可燃性	固体	硫化りん、赤りん、硫黄、鉄粉、金属粉、マグネシウムなど
第3類	乙種3類		自然発火性、禁水性	固体または液体	カリウム、ナトリウム、アルキルアルミニウム、黄りんなど
第4類	乙種4類		引火性	液体	ガソリン、アルコール類、灯油、軽油、重油、動植物油類など
第5類	乙種5類		自己反応性	固体または液体	有機過酸化物、硝酸エステル類、ニトロ化合物など
第6類	乙種6類		酸化性	液体	過塩素酸、過酸化水素、硝酸など

◆危険物の性質

危険物の分類	性質（状態）	特性
第1類	酸化性 （固体、不燃性）	多くは無色の結晶か白色の粉末で、強酸化剤となり、激しい燃焼を引き起こす
第2類	可燃性（固体）	比較的低温で着火し、燃焼速度が速い。燃焼時に有毒ガスを発生するものもあり、粉末状のモノは粉塵爆発を起こしやすい
第3類	自然発火性、禁水性 （固体または液体）	ほとんどの物質が、自然発火性及び禁水性の両方の危険性を持っている
第4類	引火性（液体）	引火する危険性が大きく、水には溶けにくいものが多い。発火点が低いものもある。発生した蒸気の比重は、すべて1より大きく、危険物の液比重は多くが1より小さい。ただし、一部の物質は1より大きいものも存在する
第5類	自己反応性 （固体または液体）	燃えやすく、燃焼速度が速い。加熱・衝撃・摩擦等により発火し、爆発するものが多い
第6類	酸化性 （液体、不燃性）	水と激しく反応し、発熱するものもある。酸化力が強く、可燃物の燃焼を促進する

◆発火点、引火点、沸点からみた第4種危険物

分類	定義
特殊引火物	発火点が100℃以下、または、 引火点が−20℃以下で沸点が40℃以下
第1石油類	引火点が21℃未満
アルコール類	（炭素数が1〜3個の飽和1価アルコール）
第2石油類	引火点が21℃以上70℃未満
第3石油類	引火点が70℃以上200℃未満
第4石油類	引火点が200℃以上250℃未満
動植物油類	引火点が250℃未満（動物や植物の油）

◆指定数量

品名	溶解	指定数量
特殊引火物		50ℓ
第1石油類	非水溶性	200ℓ
	水溶性	400ℓ
アルコール類		400ℓ
第2石油類	非水溶性	1,000ℓ
	水溶性	2,000ℓ
第3石油類	非水溶性	2,000ℓ
	水溶性	4,000ℓ
第4石油類		6,000ℓ
動植物油類		10,000ℓ

Index | 索引

334

さ

著者

佐藤 毅史（さとう つよし）

付加価値評論家®

調理師として延べ4年半勤務するも、体調不良と職務不適合の思いから退社。しかし、その3日後にリーマンショックが発生して、8か月間ニートを経験。

その後不動産管理会社での勤務を経て、TSPコンサルティング株式会社を設立・代表取締役に就任。

これまでに、財務省、商工会議所、銀行等の金融機関で企業研修・講演を依頼される人気講師の傍ら、現在は社外取締役を4社勤める法律と財務のプロフェッショナルでもある。

保有資格：行政書士、宅建士、甲種危険物取扱者、毒物劇物取扱者、消防設備士、
　　　　　CFP®、調理師（一部抜粋）

TSPコンサルティング株式会社ホームページ

http://fp-tsp.com/concept.php

装丁・本文デザイン	植竹 裕（UeDESIGN）
DTP	明昌堂
漫画・キャラクターイラスト	内村 靖隆

工学教科書

炎の乙種第4類危険物取扱者 テキスト&問題集

2021年　1月25日　初版　第1刷発行

著　　　者	佐藤 毅史
発 行 人	佐々木 幹夫
発 行 所	株式会社 翔泳社（https://www.shoeisha.co.jp）
印刷・製本	株式会社 廣済堂

ISBN978-4-7981-6718-3　　　　　　　　　　　　　　Printed in Japan